英国皇家园艺学会

How Do Worms Work?

园丁手册

花园里的奇趣问答

［英］盖伊·巴特（Guy Barter）—— 著

莫海波　阎　勇 —— 译

北京大学出版社
PEKING UNIVERSITY PRESS

著作权合同登记号 图字：01-2017-6956
图书在版编目(CIP)数据

园丁手册：花园里的奇趣问答 /（英）盖伊·巴特(Guy Barter) 著；莫海波，阎勇译. — 北京：北京大学出版社，2021.1
ISBN 978-7-301-31849-2

Ⅰ.①园… Ⅱ.①盖…②莫…③阎… Ⅲ.①观赏植物—问题解答 Ⅳ.①S68-44

中国版本图书馆 CIP 数据核字（2020）第 226492 号

书　　　　名	园丁手册：花园里的奇趣问答
	YUANDING SHOUCE: HUAYUANLI DE QIQU WENDA
著作责任者	［英］盖伊·巴特（Guy Barter）著　莫海波　阎勇 译
责 任 编 辑	陈　静　邬海澄
标 准 书 号	ISBN 978-7-301-31849-2
出 版 发 行	北京大学出版社
地　　　址	北京市海淀区成府路 205 号　100871
网　　　址	http://www.pup.cn　　　新浪微博：@ 北京大学出版社
微信公众号	科学与艺术之声（微信号：sartspku）
电 子 信 箱	zyl@pup.pku.edu.cn
电　　　话	邮购部 010-62752015　发行部 010-62750672
	编辑部 010-62707542
印　刷　者	天津图文方嘉印刷有限公司
经　销　者	新华书店
	880 毫米 ×1230 毫米　A5　7 印张　200 千字
	2021 年 1 月第 1 版　2021 年 1 月第 1 次印刷
定　　　价	59.00 元（精装版）

目录
Contents

2

花朵与果实

3

地表之下

4

天气、气候与季节

Q

5
花园之中

导 言

你真的需要知道蚯蚓是怎么工作的吗？了解这类知识，能让你成为一名更好的园丁吗？我已经为园丁们提供了二十多年的咨询服务，先是为 *Which?* 杂志园艺版做顾问，之后又服务于英国皇家园艺学会（The Royal Horticultural Society，简称 RHS），对于上述两个问题，我的回答都是"Yes"！干园艺活儿的时候，你的双手忙着挖掘、种植、除草、修剪，你的大脑则可以信马由缰。许多园丁在工作时，脑海里会源源不断地冒出问题。一些问题可能比较实际，另一些则异想天开。如果没有充分掌握从土壤结构到植物化学等一系列学科的知识，许多问题并不那么容易回答。

花园中的启示

本书为 129 个不那么常见的问题提供了深入浅出的答案。或许这些答案并不都能对园艺实践起到立竿见影的作用，但你的园艺知识会在不知不觉中得以增长。在未来的许多年里，你都能从这些答案所提及的许多有用的知识中得到启示。比如，本书会告诉你为什么一种植物总是招蜂而另一种只会引蝶，树木的根系会占据多大的空间（以及它们是否有可能让你的房子垮塌），不同的土壤怎么会令一些花改变颜色……花园能让你近距离接触自然，植物、昆虫、土壤皆有其运作之道，它们既各司其职又彼此协作，即便在最小的空间里也有许多事情正在发生。

知道的越多，你对花园的整体概念就会越清晰，对它的各个组成部分如何运作也会有更好的理解，

绣球是夏季最棒的观花灌木之一。不过，它们的花色取决于土壤的性质。了解花呈现蓝色或者粉红色的原因，有助于你去实现想要的效果。

从地下的蚯蚓到高挂枝头的树叶，其间的一切都了然于心。

花园即丛林

花园中的一切并非全如鲜花般美好。你将在本书中发现一些令人震惊的启示，保证会让你以一种全新的视角来重新审视你的花园，或者其他人工的栽培空间。表面上看，你的花园可能平静、温良，甚至有点儿乏味，但是如果你不相信大自然是血腥残酷的，那么本书中的一些事实会让你改变看法（顺便问一下，你知道蛞蝓，也就是"鼻涕虫"的舌头上有牙齿吗？难怪它们会让你起鸡皮疙瘩）。在地表之下，有永无休止的微弱咀嚼声，无数微小的生物正以更小的生物为食。而在地表之上，植物就像活的化学实验室，做着令人难以置信的复杂工作，确

荷包牡丹（*Lamprocapnos spectabilis*）以前的学名是 *Dicentra spectabilis*。了解了植物名字背后的植物学知识，名称的变换就不会那么令人苦恼了。

保它们开出的花是最鲜艳的，香味儿是最浓烈的——以此吸引到足够多的传粉昆虫，并在这场竞赛中击败对手。这场竞赛的名字就叫繁殖，花园中这些无情的植物将不择手段地去赢得胜利。

用这本书武装自己，任何花园在你眼中都会变成一个更加丰富多彩、更加有活力、更加引人入胜的地方。不仅如此，我保证你的园艺技能也将毫不费力地得到提升。

简单答

书中每个问题下面带有字母"A"的方框会为你提供最简单直接的答案。通过进一步阅读正文，你将了解到更多细节和相关背景知识。

第 1 章

种子 与 植物

Q 树木为什么要长那么高大？

生存对植物来说，同对其他生物一样，是一场战斗。植物长得越高大，就越可能击败它的竞争对手。通过高大的树冠投下的阴影，以及对于水和养分的占有（虽然与光照相比影响程度要轻得多），树木压制了其他植被的生长。

如果对一个花园弃置不管，首先一年生的杂草将覆盖地面，接着兴旺起来的是多年生的杂草和其他的草本植物，然后是带刺的灌木荆棘。在这之后，一些小乔木作为"先锋部队"开始登场，比如白蜡树、桦树、枫树、欧亚花楸、松树、欧亚械和柳树等。先锋树种通常相对短命（大约 80 年左右），在它们倒下之后，更大的树种取而代之，比如水青冈（gāng）、椴树、栎树等。这些作为"顶级植被"的树种将需要数百年才能生长到它们的极限高度，然后开始进入一段漫长的衰亡过程。在花园中，那些相对小型的先锋树种才特别有价值——桦树、枫树和柳树被广泛应用，而那些"树中巨人"的最佳处所则是公园和林地。

生长空间

对一般的观察者来说，乔木的定义是指能够投下树荫、有一根主干，在离地一定高度上从主干伸展

◀ 树木生长高度的极限，也必然受制于基因。无论你给一棵橡树（左）浇多少水，它也绝无可能同一棵北美红杉（*Sequoia sempervirens*）（右）比肩。

A 乔木以绝对的高度优势让灌木和其他植被处于自己的阴影之下，更多的阳光确保了它们的成功。

出分支的大个头植物。不过，植物的大小还会受到水和养分的限制。生长在干旱、高山或岩石地区的就是个头较小的植被——禾草、灌木及其他低矮植物——通常依靠鳞茎、球茎、块茎在地表土层中生长。

为什么不长得再高大一点？

树长得越高，暴露于风害中的面积就越大，其下部受到的杠杆作用力就越强。为了强化下部的主干与主枝，树木为它们所耗费的木质结构是树梢或上部高枝的 8 倍。到了一定阶段，虽然长高可以争得更多的阳光，但这样的"投资"却会超过它能带来的回报，所以树木再长高就变得不划算了。有研究表明，比起相对平静的加州山谷，在多风的欧洲，树木会更早地达到高度的极限。

在哪里种树

有些土壤，特别是黏土，在干燥时会收缩。夏季树木抽取水分，土壤收缩；冬雨会使土壤重获水分，这时土壤虽然会重新膨胀，但并不总是能恢复到先前的体积。土壤的收缩程度随着时间不断积累，会对附近的建筑构成潜在的威胁。理论上，你应当避免在建筑近旁栽植树木，而在已经存在的树木附近建造建筑时，则要强化建筑的地基。

▶ 树叶的"抽吸力"只能将水分输送到一定的高度，树木终将因为缺水而无法长得更高。

Q 地衣是植物吗？

地衣是一些非凡的构造，通过藻类与真菌之间互利共生的合作关系而形成。两者的联合形成了新的结构，并成就了惊人的结果。地衣能够在不利于生存的砖石或树干表面繁盛生长，这是那些不够顽强的生物体无法做到的。

那么，一种真正的植物需要具备哪些特征呢？词典上以及大多数人认同的关于植物的定义是生长在土壤或水中（或寄生于其他植物），通常具有根、茎、叶和花，通过种子繁殖的生物。但这样一个定义把植物大家庭中许多非同寻常的成员遗漏了。植物界并不仅仅包括有花植物（亦称被子植物），还包括了蕨类和松柏类（裸子植物），以及对外行人来说难以分辨的藻类、藓类和苔类。

藻类：灵活变通的自然环境之友

尽管结构简单，藻类对于自然环境的重要性远超它们在地衣的形成中所扮演的角色。在许多不同的生态系统中，藻类都起到了至关重要的作用。

▼ 地衣这种高脚杯形状的结构叫作果柄（podetia）。它们带有的生殖体是石蕊属的典型特征。石蕊的分布非常广泛，尤其常见于树干上。

A 人们通常认为，地衣并非完全是植物。尽管藻类的确是非常简单的植物，而真菌则完全不是植物，这两者的结合造就了一种不那么容易界定的混合体。

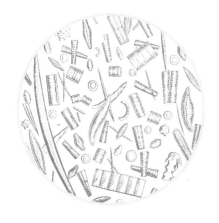

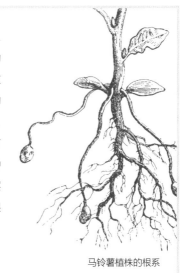在淡水和咸水中，广泛分布着种类繁多、数量丰富的单细胞藻类——硅藻。地球上有多达 25% 的光合作用是由硅藻完成的，它们是大气中氧气的重要来源之一。

世界的统治者

　　从分布范围的广度上看，有花植物掌握了生长和繁殖的制胜之道，其他植物被远远地甩在了后面。某个单一的有花植物类群，比如豆科植物，就包含了大约 18000 个物种。相比之下，蕨类植物虽然在世界上也分布广泛，但其整个家族却只包含了大约 12000 个种类。

　　例如，海藻是藻类，种类繁多、数量丰富的藻类广泛分布在淡水和咸水中。在海洋中，自由浮动的微小藻类被称为浮游植物，它们承包了整个地球上超过一半的光合作用，这意味着它们为生产几乎所有生命都必须依赖的氧气作出了贡献。

根系：成功的秘诀

　　如果把对不同生境的征服能力视作植物成功的标志，那么，哪些长处赋予了特定植物类群这样的能力呢？根系是一项重要因素：根系让植物能够从地表以下获取水分，允许植物长得更大，并且还能从地下扩展延伸出新的领地。那些没有根系的植物类群，比如苔类和藓类，就处于一种相对的劣势：它们无法深入土壤，只能依赖表层的水分来扩展它们的领地。这在降水充裕的潮湿地区效果不错，但在干旱时期就不那么有效了。

马铃薯植株的根系

Q 地球上究竟有多少种植物？

要想对全世界所有植物的物种总数作出一个接近真实的统计是非常困难的，无怪乎甚至是专家们对其可能的"真实"数字也并无一致的意见。

作为邱园（英国皇家植物园）、哈佛大学植物标本馆和澳大利亚国家植物标本馆的一个三方合作项目，国际植物名称索引（IPNI）是得到普遍承认的权威信息来源。截至2016年，它列出了1642517个植物名，并且这份名单一直在不断扩充：仅2018年一年当中，它就新增了18453个新名称。

但事情没有那么简单——整个索引（囊括了种子植物、蕨类和苔藓植物）所收录的植物物种总数也被广泛认为存在着严重的高估，因为许多植物都有一个以上的名字。

邱园和美国密苏里植物园合作整理出的另一份清单：植物名录

（The Plant List）证实了这种看法，这份涵盖了有花植物与裸子类、蕨类等其他维管植物的名录包含了不超过35万个植物接受名。

究竟哪份清单更准确呢？植物名录也许更接近真实的数字，并且由于不断有新植物被发现，可以再保守地额外加上5万种，所以地球上的植物物种总数可能在40万种左右。

A 植物的物种总数可能有35万种到超过150万种，甚至更多。这听上去确实太含糊了，但这是有原因的。

将植物体的一部分培植成一棵新的植物，是怎么回事？

植物最为人熟知的繁殖方式是结出种子，每一粒种子都有变成一棵新植物的潜力。不过，园丁们能够成功地从许多种类的植物上面剪取一部分用来进行繁殖，一些植物甚至仅凭母本上最小的一个片段就能够长出新的"后代"。你不可能用动物身上某个单一的部分来制造一个新的动物，那么植物是怎么做到的呢？

这种能力最简单的表现，就是当植物的一部分与其主体分离后，会开始生根。在花园里，如果你掐下留兰香（植物界最猖獗的"机会主义者"之一）的一丁点儿嫩芽塞进土里，它几乎总是能长成一棵新的留兰香。同样，湿润地区的某些树木，比如山茱萸属、杨属、柳属植物，在洪水泛滥期间很容易散播蔓延，它们的嫩枝被折断，随波逐流，然后在别处落地生根。当然，并非任何植物都可以轻而易举地生

植物的细胞与动物的不同——每个植物细胞都有能力再造其母本上的任何部分，而非只能造出它自身所属的那个部分。细胞的这种潜力有个有点儿饶舌的专业术语，叫细胞的全能性（totipotency）。

根发芽。掌握扦插技术是一名合格园丁的标准之一，而观赏园艺的基础就是对中意的植物进行繁殖。在某些情况下，扦插实际上要比播种更容易实现植物的繁殖。

园艺版的"迷你我"(mini-mes)

在现代植物科学中，微观级别的植物片段能够在实验室中进行培养，生产出许多微小的副本，这种方法被称为微繁殖（Micropropagation）。

▶ 薄荷已知有 25 个种以及 196 个园艺品种，几乎都能凭借匍匐的根茎滋生蔓延，这使它们特别容易繁殖。

我的树几岁了？

通过砍倒一棵树来确定它的年龄非常容易，不这么做却又想知道树的年龄就是一个不小的挑战了。不过，还是有一两种方法可以帮你知道个大概。

年轮的形成

每年春天，随着生长季节的到来，树木会在树干的外围生成一层新的细胞。木质部与韧皮部是两种作为维管系统，或者说树木的循环系统起作用的组织，形成层是两者的分界线。形成层自身分为两个部分，外层向外增加韧皮部的厚度，而内层则加入木质部细胞，来扩大木质部。

精确读出树龄的方法，是取得树桩的横切面，数一数上面的年轮——每一圈年轮就代表了一年的生长。

▽ 从正当中的髓心到外围分生着的形成层，树木每年积累一层木材，历经几十年甚至数百年。

外树皮

韧皮部（内树皮）

形成层

髓心

心材（早期的旧木质部，帮助支撑树木）

边材（仍旧活跃的木质部，输导水分和营养）

这两层新细胞一起在树干内部构成了一圈清晰可见的年轮。在生长条件较好的年份，树木增加的体积多，年轮也宽；在生长条件不那么好的年份，年轮就窄一些。年轮每年增加一圈，当一棵成年的树被砍下之后，数一数年轮的圈数，你就能知道它的确切年龄。此外，不同年轮的相对宽度还为有学问的"读树人"，或者说为树木年代学家提供了一份这棵树生命历程中所经历的气候状况的记录。

不通过砍树来估测树的年龄

据英国林业委员会科学家的推算，测量一棵树树干的直径，通过与相似尺寸树木的数据比较研究，可以得出树的年龄。这种方法的缺点在于，你需要相当数量的样本来进行对照——如果只是测算一两棵树的年龄，那就不实用了。

有兴趣的园丁们可以试试下面这个简化的版本：

· 在树干高出地面 1 米处用卷尺测出树的周长，以厘米为单位记下数值。

· 将周长的数值除以 2.5，就可以估算出树的大致年龄。

比如，测得树的周长为 150 厘米，那么树龄大约是 60 年。

树龄小 = 树干细

树龄大 = 树干粗

为什么有些叶子是紫色的？

　　对我们来说，多数发育完全的叶子貌似都是绿色的，这是因为它们富含叶绿素——一种附着在叶片的某些膜结构上，吸收蓝光和红光但强烈反射绿光的物质。秋天叶子失去叶绿素，也就失去了它所提供的光线过滤作用，于是便呈现出鲜红色和橙黄色。那么，为什么还有些叶子看起来全年都是深红色或者是紫色的呢？

　　紫色的叶子是偶然突变的结果，它们含有高水平的花青素——一种吸收绿光反射红光和紫光的色素。

　　和叶绿素不同，花青素存在于叶片的汁液中，是发生在糖与蛋白质之间的一种化学反应的产物。含有大量花青素的植物可以呈现出深紫色。花青素对植物本身似乎并无益处，从能量的角度上看，红色素的生产对植物来说代价较高。紫色叶子的植物比绿叶植物生长得慢，这使它们在野生环境下处于一种不利的地位。

🔺 黄栌品种 'Royal Purple'（*Cotinus coggygria* 'Royal Purple'）是一种很棒的近似乔木状的灌木（可高达 5 米），叶子在夏季呈暗紫色，在秋季呈红色。

　　但是在人工栽培中，它们浓重的颜色颇受园丁们的看重，为了留住尽可能真实浓艳的色彩，人们会对植物进行专门的繁育。如果你是紫叶植物的爱好者，那么紫叶风箱果（*Physocarpus opulifolius* 'Diabolo'）和西洋接骨木的变型品种 'Eva'（*Sambucus nigra* f. *porphyrophylla* 'Eva'）值得关注。它们都是适应性强、容易种植的落叶灌木，是美丽但却昂贵的羽扇槭（也叫日本槭，*Acer japonicum*）和鸡爪槭（*A. palmatum*）非常好的替代品。

种子是什么？

种子长得千奇百怪，从细如灰尘到豌豆般大小，很难想象它们都承担着同一项工作；但不论大小，每一粒种子都有着创造新植物的天然能力。

我们尚不知道种子最初产生的演化路径。人们通常认为，最早的植物是以孢子的形式进行繁殖的——孢子是比种子更简单的单细胞单位，但单个孢子的繁殖成功率要逊于种子。尽管藻类和真菌这样一些简单的构造仍旧凭借孢子繁殖，但随着植物的演化发展，种子逐渐取代了孢子的地位。种子的生产对植物的消耗更大，但种子具备的潜力也更大：尤其是较大的种子能生

从本质上说，一粒种子就是内藏一棵袖珍植物的小包裹——根、芽、一枚或两枚微小的叶片，即"子叶"，以及在幼苗能够自主进行光合作用前使之得以维持生命的一点养料。

出相对大的幼苗，也就有更大的机会胜过其他植物，在蛞蝓或甲虫等取食者的侵袭中幸存下来。

散播的艺术

许多植物不仅能够生产种子，还发展出了将种子传送到远离其亲本的地方的特殊手段。这么做是很有用的，因为这使每一个物种能够逐渐拓展它的分布范围。

豆科的荚果有着生于豆荚中的较大的种子，在成熟时，豆荚开裂，能将种子弹射出相当远的距离。

小种子可以乘风去到新的家园，而橡子一类的大家伙，则会依靠鸟兽把它们带往新的领地。

种子怎么知道何时发芽？

　　在一个有利的时间点发芽，是种子变成幼苗过程中的关键时刻之一。时间选得对，萌发与后续的生长将会快速而高效；时间选得不对，那么发芽也许就意味着这粒种子的末日。

从容不迫

　　尽管种子需要休眠，它们仍需要在一定时间之内萌芽，因为它们的生存能力会随着时间流逝（这就是你会在种子的包装上看到"在此日期前播种"的原因）。

　　在（英国）北方地区，大部分植物在夏末和秋季结出大量的种子。它们有各种各样的机制来抑制种子发芽，直到与它们亲本生命轮回的起点一致的那个最有利的时间到来。一些植物，特别是豆科家族的某些成员，它们的种子有着又厚又硬的防水表皮，需要依靠土壤中的微生物才能腐烂。完成这一过程可能需要不止一个冬天，但表皮最终会消磨殆尽，那时候种子就可以发芽了。一些植物的特殊种子有着更加坚硬的外壳，这种设计是为了让鸟类取食，并在它们消化道的砂囊中停留——砂囊中的砂石会慢慢磨掉一部分种壳，待鸟儿最终将它们排出，种子就可以发芽了。还有一

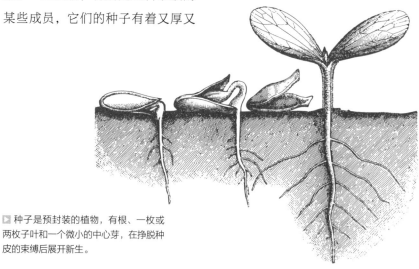

▶ 种子是预封装的植物，有根、一枚或两枚子叶和一个微小的中心芽，在挣脱种皮的束缚后展开新生。

成功播种欧芹

欧芹出了名地难发芽。传统的播种办法是播下种子，覆上泥土，然后将沸水浇在播种的地块上。

这种方法确有其科学依据：欧芹坚韧的种皮中含有水溶性的发芽抑制物。

些植物，包括甜菜在内，会在种子或包裹种子的果皮中加入化学物质或激素。当种子掉进潮湿的土壤时，化学物质被排出，种子萌发；当种子落在干燥的地表时，萌发就不会发生，直到种子被弄湿。

有各种各样的人工方法可以让园丁们打破种子的自然休眠，促进发芽。对于一些有着坚硬外壳的种子，可以用锋利的小刀刻出缺口或者用砂纸轻轻打磨，使外壳破损；对于表皮防水的种子，播种前在热水中浸泡会很有帮助。甚至那些适应了在鸟类砂囊中得到处理的种子，

我们也可以模拟它们在萌芽前需要经历的过程：把种子揉在尖角砂中，在两块木板之间研磨。商业种植者甚至会在播种前用硫酸对非常坚韧的种子进行处理，不过，你可不要在家里尝试这种方法。

从母本植物将它们孕育完成之后到发芽之前，种子需要有一段休眠期。许多种子演化出了一些保护措施，以确保它们在正确的时机到来之前保持休眠状态，其中之一就是在种子发芽之前必须被去除的一层表皮。

是什么让香草气味宜人？

尽管香草类植物的气味通常让人觉得舒服，但是产生这些气味的化合物并不是植物用来取悦人类的，而是用来自我保护的。许多植物都有气味，不过并非所有的气味都令人愉快，仅举两个人们最熟悉的例子：臭牡丹（*Clerodendrum bungei*）和紫苏（*Perilla frutescens*），它们闻起来就都有一种腐肉的味道。

气味：原材料

我们通过鼻腔上部一个叫作嗅上皮（olfactory epithelium）的湿润细胞层嗅到气味。为了被闻到，气味分子需要足够小，能在常温下蒸发，并且溶解于油。气味分子在嗅上皮被收集起来，溶解并通过气味感觉细胞，嗅觉细胞直接与大脑沟通，随后气味被大脑标记识别——那便是你有意识地觉察到一种气味的时刻。

芳香植物通过复杂的生化过程来制造产生香气的化合物分子。植物产生气味的目的是作为威慑物或杀虫剂，特别针对那些对自己不利的昆虫。

每种植物都制造它们自己的气味化学混合物来产生独特的气味。比如，薄荷的"配方"中有薄荷醇和薄荷酮，而薰衣草的气味则由47种不同的化合物组成，其中最主要的成分有个非常乏味的名字：丁酸-1-乙烯基-1,5-二甲基-4-己烯基酯（丁酸芳樟酯）。

▽ 薰衣草含有一种能够保护叶片免受高温和强光伤害的油，这让薰衣草精油被用作香味剂、防腐剂和润肤膏。

种出芬芳的香草

你可以利用香草的天性来收获最佳的香气和味道。

不迁就它们，它们的表现最好——假如你用充足的水和肥料宠溺香草，帮它们消除害虫的威胁，它们只会生产很少的香气来回报你。所以，你需要以贫瘠的土壤和较少的浇灌给它们创造艰苦的条件。此外，被安置在暖房外的香草也会表现得更好，因为阳光能够同时增进香气和味道。但如果这一切都搞砸了，你还可以使用植物生长调节剂（在苗圃或者网上都能买到）来"蒙骗"植物。这些调节剂含有天然激素，会被植物"解读"为受到害虫的攻击，刺激它们更加努力，进而产生更强的香气和更佳的味道。

辣薄荷
（ Mentha × piperita ）

迷迭香
（ Rosmarinus officinalis ）

药用鼠尾草
（ Salvia officinalis ）

罗勒
（ Ocimum basilicum ）

斑叶百里香（普通百里香）
（ Thymus vulgaris ）

怎么判定一种植物是杂草？

对于这个经常被问到的问题，众所周知的讨巧回答是，杂草就是不请自来的植物。不过，还有一些特性可以帮助我们定义杂草，而对于努力控制乃至清除杂草的园丁们而言，单凭让人烦扰的程度就可以对什么是杂草有一个清楚的认识。

花园里的战斗

家庭园丁们知道，绝不能让一棵杂草结籽，否则你的麻烦就会增加百倍。即使你没有时间来彻底清除杂草，也要确保在巡视花园时，把在杂草上看到的花蕾或花朵摘掉——你可以稍后再回来清理整个植株。

一个令人敬畏但也相当让人沮丧的统计数字是，在 1 公顷土地最上层的 15 厘米土壤中，可以包含多达 5.55 亿颗种子。当它们最终发芽生长时，出现的大多数植物并不会让你感到高兴。

天生的"小强"

杂草有一套巧妙的方法来帮助它们生存并茂盛生长。它们可以长得飞快，而且通常极其丰产，能结出大量的种子。有些杂草的种子可以长时间保持休眠状态，只在条件适宜时才会发芽，让发芽后的植株可以轻松扎根，茁壮生长。

▼ 药用蒲公英（*Taraxacum officinale*）的整个根系（通常能长到 40 厘米深）都有休眠芽，所以留在土壤中的任何一段残根都可以让它原地复活。

◀ 农民们把车轴草（三叶草）当作一种可以固氮的、富含蛋白质的牲畜饲料，但优质的草坪并不欢迎它们出现。

还有一些杂草会长出很深的、难以挖掘的根系，或者当人们试图挖出它们的时候，它们的根却已"聪明"地演化出了片段再生的能力，这意味着每一次努力除掉杂草，都只会导致几十段虽小却能再次生根的潜在植株（也就是所谓的"分株"）的产生。

杂草也常常模仿它们所侵扰的植物或农作物的生命周期或特点。例如，酸模属或车轴草属这样的草坪杂草长得低矮，可以逃脱剪草机造成的损害；而大穗看麦娘这种恶名昭彰的麦田杂草，则恰恰赶在谷物收割之前结籽，随后混在秋播的农作物中发芽。

▽ 大穗看麦娘（*Alopecurus myosuroides*）是一种多见于耕地和荒地的一年生禾本科杂草。它在英语中的俗名包括 blackgrass、slender meadow foxtail、twitch grass 和 black twitch。

"杂草"通常指的是一类植物，它们不但高度适应在花园里或在农作物中间成功地生长，而且还极难去除。杂草会毁掉园丁在花坛、花境中想要实现的效果，在农田里则可能导致农作物减产。

为什么草坪可以被"剃头"，其他植物却不能？

从绵羊到野牛，从斑马到羚羊，禾草（禾本科的"真正的草"）早已适应了食草动物的啃食习性。作为这种适应的结果，草地低矮、平整的观感吸引了人类的目光，进而逐渐发展出了一种完全专属于人类的、对于完美草坪的迷恋。每个园丁都知道，一块完美无瑕的草坪是很难实现的，而禾草的结构于此至关重要。

破土而出

产生分裂而使植物生长的一类细胞叫作分生组织。像草这样会引来食草动物啃食的植物，如果同许多其他植物一样，将这类细胞放在自身的顶端，那么它们很快就会灭绝。相反，通过演化，分生组织的生长细胞被放在了这些植物的基部，也就是它们从土层中冒出来的地方。于是食草动物得到了食物，而草也可以在被啃掉一截之后继续生长。

割草机所做的工作和牛羊吃草一样，最后留下的是一片像垫子一般整齐均匀的健康草地。

与从顶端开始生长的叶子宽大的植物不同，禾草类的植物可以在不损害它们的情况下被修剪的原因在于，它们是从露出土壤的基部开始生长的。

人人都能有一块好草坪

在让好草坪人皆可得的割草机发明之前，园丁们要么必须雇一群绵羊来控制他们的草坪，要么得在草被露水沾湿时用镰刀进行修剪——不仅费时，而且需要一定的技术。最早的割草机需要依靠人力或马驹驱动，而技术革新的最新成果是机器人割草机。这些无噪音的设备可以在一块由埋线划定的区域里定时自动修剪草坪，根本无须人工监督。

为什么我播下的种子并不能全都发芽？

有一条流传了很久的园丁诀窍，说的是比起买来的小包装种子，亲手从你种植的植物上采收的种子播种效果更好。但这是真的吗？如果是的话，自家采收的种子为什么会有这种优势呢？

用于出售的种子通常是在气候干燥并且劳动力相对廉价的国家生产的——例如，新西兰和肯尼亚是园艺种子的主要来源地。但是，将种子送到远方市场所涉及的储存和运输需要时间，种子会经受湿度和温度波动的影响，对它们的生长前景不利。当到达种子商手中时，种子会被分级，等级最优的种子会被卖给商业化种植者，而较小的种子通常携带的养料储备也相对较少，会以更便宜的价格面向园艺爱好者出售。

△ 只有与其他品种隔离种植的南瓜结出的南瓜籽，才能种出与其亲本相似的南瓜，因为南瓜很容易发生品种间的杂交。

经历物流过程的考验之后，小包装的种子可能还会在商店的货架上待上相当长的一段时间——再一次经受温度波动的影响。

在比较自家采收的种子与商业渠道购买的种子时，这些因素都需要考虑在内。不过，一个小小的窍门可以让买来的种子更加保险，那就是确保你购买的种子都来自种子商，而不是园艺店，因为前者更可能妥善地储存并迅速地销售种子。

A 在播种之前，采收得来的种子通常不会经历太远的旅行；相比之下，许多从商业渠道购买的种子则是"远道而来"，并且经历了诸多中间环节，所有这些都可能对它们的活力产生不利影响。

Q 什么样的种子可以自己采收留种？

　　因为自家采收的种子通常比那些买来的种子播种效果更好，所以大多数家庭园丁在他们园艺经历中的某些时候，都曾尝试收集和留存他们喜欢的植物的种子——为了自己种植，也为了与他人分享。采收留种的方法多种多样，由你要留种的植物类型决定。

A 　　任何种子都可以在家里采收。种子的收集以及此后成功发芽的关键是确保你在正确的时间，以正确的方式采集种子。

采收：时间与方式

　　大致来说，种子在植物开花后两个月左右成熟。判断采收时间最好的办法是定期观察你打算留种的植物——养成每天在花园里溜达时检查一下的习惯——并估计它们将要撒种自播的时间，因为那就是采收种子的最佳时机。家庭种植的优势是你可以这里采一些、那里收一点，照顾到每一棵植物的实际情况，而商业种植者则不得不一次性地完成采收工作——这时一些种子可能已经进入了自播状态，而另一些则尚未完全成熟。

　　当你认为植物已经准备要自播的时候，你可以摘取果枝或荚果，把它们放在纸袋里（特别适合果荚

◀ 天然的胡萝卜种子上刺毛多得可怕，而且还互相纠缠在一起。但买来的袋装种子已经被打磨过了，毛刺已被去除，更容易播种。

◄ 挖取番茄和黄瓜的果肉并待其发酵，然后将果肉过筛，就得到了种子。

在成熟时会"爆炸"的种子），或者放在衬有报纸的托盘里。当果枝干燥后，将种子抖出来，放到小纸包里，贴上植物的名称和采收日期，然后保存在阴凉干燥的地方，直到播种的时间到来。

　　有些种子，比如番茄籽和黄瓜籽，需要从多汁的果肉中分离出来，所以就得采用另一种方法了。把果子切开，小心地挖出带有种子的果肉，将其与少量的水混合并发酵几天，之后就可以很容易地冲洗掉果肉，分离出种子，储存之前将种子放在报纸或厨房纸巾上晾干。

交换分享

　　热心的园丁们乐于交换自种植物的种子——比如，一个人的祖传番茄种子可以用来交换另一个人的高产荷包豆（红花菜豆），种子交换活动正变得越来越流行。留意"种子周末"（Seedy Sunday）这类集市的海报和本地报纸上的广告，因为这些场合提供了很好的机会，不仅可以发现一些新鲜有趣的种子，还可以遇见其他园丁，与同好们交流园艺种植方面的新闻和信息。如果你想参与，首先要确保把你的种子妥当地包装在小信封里，并正确地标上它的名字和采收日期，再加上你认为对他人有用的、关于栽种和植物成体特点等方面的信息。

Q 植物能活多久？

　　这取决于你所说的"活"是什么意思。有些植物通过不断制造自己的副本——利用生长着的嫩枝嫩芽一再重生而真正变得"永生不朽"。葡萄这种人们栽培至今的植物，就以拥有古老的出身而闻名——"汤普森无籽"（Thompson Seedless）和"黑科林斯"（Black Corinth）这两个品种可能都有两千多岁的"高寿"了。

A 　　如果把自身的副本排除在外，植物确实有一个可以度量的生命极限。树是真正的植物中最长寿的，尽管如此，它们也不能永生。大部分的树在大约 500 年后会死亡，不过这条规则也有例外，许多树的寿命比这个时限长得多。

　　植物和动物不一样，它们的年龄并不是均一的。动物身体各部分的年龄是一致的——一只老虎的尾巴同它的耳朵和肝脏的年龄一样——但常常在几个世纪后，当树木的主体部分陷入衰退时，它的嫩芽和根的尖端仍可以一直保持年轻和活力。树木还能够隔离伤害，这一特长让它们有可能在意外事故和病虫害等一些严重的灾害中幸存下来。

◀ 人们将希腊的"黑科林斯"葡萄晾晒制作成葡萄干已有至少 2000 年的历史。通过不断地无性繁殖，这些古老的植物真正实现了长生不死。

世界上最老的树

那些"高寿"的树种似乎已经拥有能够延寿的独特策略。比如北美红杉（*Sequoia sempervirens*），在适当的环境下可以长到令人难以置信的高度，并且能够持续地为它们的活组织服务几千年；而红豆杉属植物可以在很大程度上控制自身的衰败，随着树基越来越宽、树干逐渐空心化，在新的部分再生时放弃所有旧的部分——一些树被认为已有 5000 岁的高龄。在美国内华达州的沙漠中生长的长寿松可以将恶劣的环境为己所用，将其生长速度放慢到近乎停滞的状态。一棵绰号为"普罗米修斯"（Prometheus）的树于 1964 年被砍倒，人们发现它有 4900 圈年轮。

长寿松（*Pinus longaeva*）

即便如此，大部分的树在大约 500 年后都会死去。树木巨大的形体正是它们走向衰亡的原因——它们变得如此庞大，大面积的活组织需要支持，但最终它们无法生产足够的养料维持生长。当营养不足的时候，它们便开始紧缩开支，失去树枝，变得越来越小，直到精疲力竭——它们实实在在是一直生长到死的。

"作弊"得来的高寿

当然，有些树木是特例。一些树木在演化中找到了解决"死于太大"这一问题的办法。例如，被统称为橡树的栎属的树木，有一种死而复生的习性——已然奄奄一息的橡树，失去了上部的树枝后会又振作起来，从树的下部长出少量新枝。通常情况下，树木上部的枝丫在生长时会释放出抑制下部萌芽的激素，但橡树似乎能够逆转这一过程，重新开始生长，直到差不多一个世纪之后再次进入另一个紧缩周期。凭借这种方法，一棵橡树可以把它的生命延长，并远远超过大部分树木的自然寿命。

树木能长多快？

树木的生长速度除了与自身的生长天性有关外，还与一系列外部环境因素有关，比如温度、光照、水分，以及一棵幼树能否获取足够的营养。如果所有这些要素都不成问题，一些树就能以惊人的速度生长。

生亦放纵，死亦匆匆

年轻的树比老树长得更快——查看一棵被砍倒的大树的横截面，你会发现靠近树干中心的那些最老的年轮通常要比外缘的年轮宽得多。随着树木的成熟，它的生长速度放缓，在临近自然寿命终点时会变得更慢：一旦年轮的宽度缩小到只有

0.5 毫米左右，这棵树就站在了死亡的边缘。有一些树，比如桦木属的桦树，倾向于速生而早死——几乎没有能活过 80 年的，就树木而言这还很年轻——它们每年都会产生一圈很宽的生长环，直到突然衰老并迅速地死去。

桦树很容易长大，足以让人的一生享受它带来的快乐，而橡树则是惠及未来几代人的一项投资。所以，园丁们在植树时必须考虑他们是想要速生的类型，还是想要给子孙后代留下些什么。

▼ 孤植的树会形成铺张生长的习性，但在有其他树木相伴时，它们就需要和同胞们竞争阳光，努力长得又高又瘦。

在热带地区，竹子（作为禾本科的"草"而非树木）在一天之内可以长高 50 厘米。英国的树木并不那么"性急"：它们不会在冬天生长，甚至在夏天也没有能让它们疾速生长的阳光和温度，但是它们中的大部分每年仍会生长 15~50 厘米，因树木的种类而异。

靠风传播的种子必须很小吗？

风是种子传播的主要途径之一，种子已经演化出了许多方式来利用自然的微风将自己散播到尽可能广阔的区域中去，通常包括在种子的外壳中加入某种构造，当风吹起时能够助它一臂之力。

许多靠风力传播的种子非常小，比如兰花的种子比一粒灰尘大不了多少。1000 粒柳树种子的重量只有 0.05 克，相比之下 1000 粒大米的重量是 27 克。不过，植物也是高明的空气动力学家。欧亚槭（*Acer pseudoplatanus*）的种子相对较大（1000 粒种子重 97 克），但它们"直升机"似的形状符合空气动力学，这意味着它们可以乘着合适的微风飞向四面八方。据说，靠风力传播的种子中最大的一种来自翅葫芦（又名爪哇黄瓜，*Alsomitra macrocarpa*），这种热带植物的种子长有 15 厘米长的"翅膀"。这么大型的种子想必生产的成本也非常高，这也就解释了为什么这种植物只会产出数量相对较少的种子。

靠风力传播种子的植物往往是"机会主义者"：柳树（每千粒种子 0.05 克）通常播种在被水淹没过不久的土地上，而欧梣（chén）（*Fraxinus excel-sior*）（每 1000 粒种子重约 60~80 克）则是在有树木倒下而出现新的生长空间时最先开始生长的树种。

大部分靠风力传播的种子是细小的。一些较大的种子则配有类似于翅膀或降落伞的构造，让它们能够御风而行，远走高飞。

荠菜（*Capsella bursa-pastoris*）能从它三角形的短角果里向风中散播多达 5 万颗种子。有时，整个果序都会被吹走，乘着风四处播撒种子。

Q 为什么灌木被修剪后看上去长得更快了？

这里的关键词是"看上去"：如果在一年之后进行测量，修剪过的灌木长得会比没有修剪过的要小一些。不过，即使经过重度修剪，灌木也能很快恢复，而且，在修剪之后似乎会紧接着发生生长突增，这会给园丁们留下一种修剪其实会让植物变大的印象。

生长突增的原理

根一冠平衡是根（为枝供给水分和营养）与枝（为根提供叶子光合作用制造的糖）之间的相互依存关系。必须有健康的根系来供养枝丫，反之亦然。如果枝条被修剪，根会通过继续供养新枝条的生长来进行补偿。

植物细胞发生分裂和生长所在的枝条尖端叫作顶芽。顶芽的工作之一就是通过枝条向下输送抑制激素，阻止下部的芽发育，这样生长就可以集中在枝条的终端——从技术上讲，就是顶芽对于位置较低的芽"占据了优势"。但是，当你修剪一株灌木，剪掉枝条的尖端，激素就无法再向下输送了。于是，抑制作用被解除了，在修剪处的下方便会突然涌现出数个新芽。

▼ 顶端优势是指顶芽相对植株下部的其他芽所占据的优势，它决定了植物生长的形状以及它们对修剪作出的反应。

活动的顶芽
↑ 茎尖上的活动芽抑制了侧芽的生长
休眠的侧芽

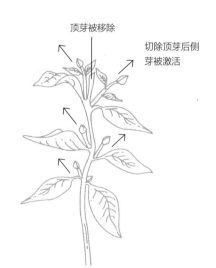

顶芽被移除
切除顶芽后侧芽被激活

灌木在修剪后紧接着发生的快速生长由两个因素引起：植物根冠平衡的天性，以及一种叫作顶端优势的更为复杂的现象。

当灌木急于重新恢复它的根冠平衡，而顶端优势的解除又促进了枝条上多个侧芽的发育时，缺乏经验的园丁很可能会反问自己：既然如此，当初何必还要费事去修剪它呢？

粉花绣线菊（*Spiraea japonica*），1/3 的枝条在花后被完全去除，以保持植株的紧凑，并促生新枝，使花开得更好。

明智的修剪

有经验的修剪者会将一次重度修剪分散到数个季节中，这样做可以在打薄徒长枝（那些因修剪而快速涌现的难看的枝条）的同时避免枝条突然变短，留下的枝条量不会让植株恢复到之前的大小，但又足以供养根部。

绯红茶藨^{pāo}子（*Ribes sanguineum*）是一种珍贵的早花植物。花后将 1/3 的分枝从靠近地面处剪除，可以制止它们长得过于"铺张"。

种子可以存活多久？

每隔一段时间就会有新闻报道说某考古现场发现的种子在埋藏了几个世纪后发芽了。虽然这些说法的相关证据有时很可疑，不过毫无疑问的是，尽管种子脱离母体植株后就开始退化，但这一过程是缓慢的，而且这种退化可以通过小心的贮藏变得更加缓慢。

人们已经证实，如果将种子储存在非常干燥寒冷的条件下，它们能够存活几个世纪。不过在园丁们的手中，大部分园艺种子的寿命会短得多！

最厉害的"时间胶囊"

在寻找世界上最古老且仍有活力的种子方面，我们已经发现了一些无可争辩的纪录创造者。一些古代遗迹中多次发掘出了古人贮藏的古莲子，有的虽已历经千年但仍旧能够发芽。这些从潮湿环境中发掘出的种子还打破了"干燥加寒冷"的储存规则——但这也有其道理，因为荷花本就是一种水生植物。另据报道，一颗海枣种子在贮藏了2000年后发芽了。不过，最终的冠军属于某种蝇子草的种子，俄罗斯科学家称其在经过了32000年的休眠后萌发。如果可以重复实验，种子寿命的极限就将大大延长。

◁ 人们在沙漠绿洲等气候极度炎热干燥，但地下水储量丰富的地方种植海枣（*Phoenix dactylifera*），栽培的历史已超过5000年。

长久之计：种子库

　　种子库（或种子银行、基因银行）收藏了在野外或在栽培中生存受到威胁，但未来可能在培育农作物或维持生物多样性方面发挥关键作用的种子。大多数种子库都依赖昂贵且有着潜在不可靠性的冷藏设备，但建在北极地区的斯匹次卑尔根岛（Spitsbergen）上的全球种子库（Global Seed Vault）则不同，它是在一座山的冰冻岩体中钻出一些长长的隧道，可以将种子贮藏在近乎理想的条件下。目前，在这座种子库 −18℃ 的气温下已存储有超过 86 万份样本，管理它的科学家们期望这些种子至少在几个世纪内不会退化。在较为日常的环境中，你能够期待的自家园艺种子保持活力的时长如下：

3 年：

金鱼草，毛地黄，生菜，韭葱（南欧蒜），洋葱，大花三色堇，欧芹，欧防风，玉米。

6 年：

西蓝花，胡萝卜，西葫芦，黄瓜，旱金莲，花烟草，桂竹香，百日菊。

9 年：

卷心菜，蔓菁甘蓝，芜菁。
_{mán jīng} _{wú jīng}

10 年：

萝卜，番茄。

毛地黄（*Digitalis purpurea*）

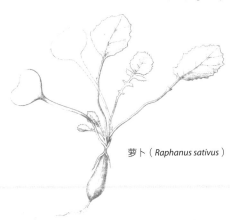

萝卜（*Raphanus sativus*）

Q 一年不修剪草坪，会发生什么？

想让草坪保持草坪的样子，要点之一是定期割草。假若你停止修剪草坪，不是仅仅一个星期，而是几个月，甚至几年，会发生什么呢？答案首先取决于构成了你的草坪的那些植物。

草坪是人工的植物群落，通过修剪和水肥的养护使得草坪草种——通常具有矮小和匍匐的习性——占据优势。但是，一旦放任草坪生长，诸如绒毛草（英语俗名是富有美感的"Yorkshire fog"，约克郡之雾）之类的杂草就会混进来，如果没有人工控制，它们就会抓住机会迅速成为主宰。

随着时间的推移，几个月到几年之后，树苗会开始出现。鸟类会排泄出果子中的种子，松

A 草坪草种适应了被绵羊或其他家畜啃食，现代的草坪则是被割草机"啃食"。一旦停止修剪，草坪草就会容易遭受更大、更高、更顽强的杂草的侵害。

鼠会把橡子和坚果埋起来，而欧亚槭（*Acer pseudoplatanus*）和桦属树木等靠风传播的种子也会飞来。于是很快就会出现一片森林——这是大部分不列颠土地的自然状态。在一二十年内，那些短命的树种，如桦树和柳树，会被梣树和橡树取代。只要时间够久，曾经的草坪就会完全变为一派荒野景观，到那时河狸也会归来。

绒毛草（*Holcus lanatus*）

什么时候灌木会长成一棵树？

简单的答案是，树（乔木）有一根单一的主干，枝杈远高于地面，并且植株的生长量大部分集中在顶部；灌木则相反，在地面或靠近地面的位置会长出多个分支。当然，这一基本原则也有例外。

有一些树，以榛属（zhēn）为例，是非常大的，但自然地倾向于从靠近地面的位置上长出多个枝干；而另一些属的树，例如栗属和各种柳树，每隔 10~15 年进行一次的修剪，会使之生出许多长而生长快速的枝干。在农业、建筑、烧炭、围栏建造和园艺中，它们传统上被用作轻质木材。

那么高度呢？也不是一个板上钉钉的标准。从林业学者和景观园艺师的专业角度上看，超过 8 米高的植物是一棵树，但是对于家庭园丁来说，"树"可以是比那矮得多的植物——比如任何高于 3 米的植物，

而灌木可以长得与一些较小型的树一样高、一样大。

如果你的花园比较小，可以培养那些严格意义上属于灌木的植物，使它们长得更高，并减少枝干，这样它们就能用来代替乔木。有 3 种灌木是效果不错的替代品：黄栌（*Cotinus coggygria*）、加拿大唐棣（di）（*Amelanchier canadensis*）和川滇花楸（qiū）（*Sorbus vilmorinii*）。

▽ 灌木是植物界的"小强"，能够生长在乔木不堪存活的地方。区别于只有一个主干的乔木，灌木靠着拥有多个分枝来分散风险。

灌木没有主干，在地面或靠近地面的位置长出多个分支，而树（乔木）有单一的主干，长出的枝干远高于地面，且植株的大部分生长量，或者说树冠，位于顶部。

为什么胡萝卜有的直有的弯？

如果只从超市购买胡萝卜，你可能会认为所有的胡萝卜都是 T 台时装秀的"超模"——一律长得笔直、匀称，有时（如果超市特别高端）还带着完美的翠绿色的叶片"头饰"。不过，如果你自己种胡萝卜，就会知道事实与此大相径庭。

敏感的蔬菜

有一大堆因素会影响胡萝卜的发育，造成它们分叉或弯曲变形。如果从育种盘里移植过来，那它们一定会分叉；如果它们生长的土壤有密实的土层，或者多石或渍涝，胡萝卜就会长得扭曲。当它们遇到障碍物时，即使障碍物不大，也会分叉或变形。间苗不当或时间过迟，过度翻土和除草也会扰乱胡萝卜的生长，导致其扭曲或畸形。

如果胡萝卜连年种植在同一地块上，一些被称为"根线虫"的微小蠕虫也可能会制造麻烦——它们只在土地没有定期轮作时才会产生影响。因此，如果疑似被根线虫侵害，那就换一块地来种植。

◀ 由荷兰人在 15 世纪引入的橙色胡萝卜取代了黑色、紫色和白色的品种。现在英国橙色胡萝卜的年种植量是 70 万吨。

胡萝卜幼苗的根非常脆弱，容易受到扰乱，土壤中哪怕是很小的干扰也会影响其生长。它们对虫害也比较敏感，可能影响根部的发育。

不过，变了形的胡萝卜也有它们的去处。不那么完美的产品被用于牲畜饲料，而且，随着人们避免食物浪费的意识普遍提高，越来越多的商店将形状不佳的胡萝卜特殊包装，贴上"低颜值蔬菜"（wonky veg）的标签，以折扣价出售。尽管这类胡萝卜会更难削皮，但低廉的价格足以抵消这点不便——无论一根胡萝卜长了几条"腿"，在营养价值上并无差别。

怎样种出完美的胡萝卜

你可以效法那些能够种植出园艺展览会展品级胡萝卜的行家里手。方法如下：

- 用粗砂填满一个高大的圆筒，例如一个 180 升的油桶。

- 用一根撬棍在粗砂中挖出圆锥形的孔——每个桶不超过 6 个孔——然后在孔中填入等比例混合的、筛过的无菌土和有机堆肥（行家们有时还会添加一些营养素，可以在网上或本地的苗圃买到）。

- 将胡萝卜的种子播在这些孔里。

在根部不受任何阻碍、生长环境理想的条件下，这种方法应该可以种出外形匀称、没有分叉的胡萝卜。

挑选短根的品种来增加成功的概率——根较长的品种更容易弯曲。Tubby 'Chantenay' 系列是不错的选择。

为什么不能购买兰花种子？

　　兰花的种子异常微小，看起来就像一粒尘埃。这么小的尺寸有利有弊——与较大的种子不同，它们几乎不携带任何营养储备，这意味着在有能力进行光合作用前的萌芽期，它们要面临饥饿的威胁；但有利的方面是，如此小的尺寸使母本植物能够大量地生产它们，只要其中极少一部分种子成功萌发就够了。

成长伙伴

　　因为形成的种子不携带营养储备，兰花给自己制造了一个难题，但它们也通过进一步的演化解决了这个难题。它们与一些特定种类的真菌缔结了伙伴关系，这些真菌会为发芽中的种子提供营养，并一直持续到幼苗能够进行光合作用的阶段为止。由于真菌无法与种子一同包装出售，而离开了真菌的种子也无法存活，所以兰花种子在一般的市场上是没有售卖的。不过，行家们会购买某种更精妙的东西：瓶苗（flask），它包含已发芽的种子，以及一块接种了相关真菌的人工培养基。

◀ 兰花的组织培养（微繁殖）降低了生产成本，于是，兰花据信已成为当今英国最畅销的室内观花植物。

A 　兰花的种子不仅小，而且很难成功发芽。对家庭园丁来说太过复杂，难以种植——这就是为什么你不会见到一包待售的兰花种子。

以这种方式种植兰花必须很用心——随着幼苗的生长，需要多次将它们转移到更大的瓶子里，而且要花上几年的时间才能培养出能够开花的成熟植株。专业实验室中的微繁殖是另一种能够快速且大量繁殖兰花的方法。

一些业余爱好者尝试用自然生长的途径繁殖兰花。他们认为既然兰花的种子是被散播在母本植物周围的，那么必要的真菌就已经在那儿了。这是一种碰运气的办法，但有时真的能成功！

其他植物会产生这么微小的种子吗？

兰花并不是唯一靠数量而非重量取胜的植物群体。生产大量的种子而仅指望少数能够存活的策略在植物界是相当普遍的。其中一些最成功、也是最具侵略性的例子，就包括独脚金属（*Striga*）的植物。它们起源于亚洲，但已经蔓延到了全世界的炎热地区。因其寄生性，它们会给高粱、小米和玉米等许多禾本科农作物带来麻烦。它们的成功源于这样一个事实：每一株母本植物都能产生 50 万颗种子，这些种子又小又轻，微风轻拂就能将它们广泛传播，并且还能在最长可达 10 年的休眠期中保持活力。

秀丽独脚金（*Striga elegans*）

仙人掌是从哪里来的？

　　仙人掌是植物界顽强的生存大师。它们已经演化到能够应付严酷干燥的沙漠环境，具备了一些非同寻常的特征。有些特征显而易见，有些则不那么明显。大多数仙人掌拥有的是刺而非叶子，球形或圆柱形的身体里能够储存水分，厚厚的蜡质表面可以防止水分蒸发。

　　我们都认为自己知道"典型"的仙人掌的样子，但其实仙人掌家族中不同的成员在机能和外观上有诸多差异。荒漠仙人掌，例如生长在美国西南部索诺兰沙漠（Sonoran Desert）中高大、多分枝的巨人柱（*Carnegiea gigantea*），有着浅而开展的根系，以便尽可能高效地收集罕见的雨水。另一些类型则干脆舍弃了根系向高处发展，生活在树上，仰赖露水和雨水偶尔的滋润。许多仙人掌在晚间而非白天张开气孔，以便让蒸发损失降到最低。同时，它们仍能通过一个复杂的化学过程完成至关重要的光合作用，这一过程可以延迟二氧化碳的释放，直到白天有阳光的参与。所以，大多数仙人掌生长都非常缓慢也就不足为奇了。

　　传统西部片总是依靠一片仙人掌林立的风景来营造氛围，而绝大多数的仙人掌科植物的确源自美洲。世界上其他地方的沙漠地区也生长着类似仙人掌的植物。例如南非的本土植物魁伟玉（*Euphorbia horri-da*），它有个迷人的别名叫"非洲奶桶"（African milk barrel），但它隶属大戟科，与仙人掌并不是同一家族的成员。

为什么有人会跟植物说话？

跟植物说话的那些人要么被认为是精神错乱，要么被说成是眼光独到，这取决于你对信息来源的偏好。但人们尚不清楚植物是否享受这种谈话。"花语者"的故事经常见诸媒体，但通常并不能得到任何严谨科学研究的支持。

"跟植物说话对它们有好处"这种想法背后的原理是说话的人所呼出的二氧化碳对植物有益。但实验并不支持这一原理——人类呼出的二氧化碳消散得太快，植物根本来不及享受到任何好处。

类似的说法认为，各种类型的音乐对植物的影响也是有益的。但这种说法同样缺乏证据支持，当作新闻补白的点缀素材也许还不错。不过，毫不犹豫地放弃和你的植物唠嗑，也是不明智的：在阳光灿烂的日子里，人工提高暖房中的二氧化碳浓度，已被证明可以大大促进植物的生长。只是，要把二氧化碳浓度提升到可能对植物的生长产生显著影响的水平，需要你在一个光线非常充足的封闭空间里进行一场极为冗长的独白。

那么，和植物说话对你自己有好处吗？这一点没有太多争议：已有大量研究表明，种植并照看植物能够减轻压力，对抗抑郁，对心理大有裨益。

触摸，无须言语

如果和植物说话看起来并未取得什么效果，不如试着轻轻地触摸它们。这么做是模拟微风轻拂的效果，微风能使植物茎更粗，叶更茂，长得更加茁壮。

Q 什么是外来入侵植物？

如果说杂草是在不属于它们的地方出现的植物，那么外来入侵植物就是杂草的增强版。它们虽然不是外星来客，但会在新的领地上造成惊人的破坏，而且有时能以骇人的速度完全侵占那些并非有意接纳它们的地方。

不速之客

虎杖是外来入侵植物的一个典型例子。在其原生地之一的日本，也许是与那些让它处在可控状态之下的取食者和病害并肩演化而来的缘故，虎杖是温顺不张扬的。然而，到了异乡，它的个性就发生了变化。作为一种有吸引力的植物，维多利亚时代的人们把虎杖引入了英国。早在 1907 年，园艺指南中就已经提到它是一种"种植比去除更容易"的植物。时至今日，虎杖已声名狼藉，成为英国最有害的杂草之一。在农场中，牲畜的啃食和定期耕作使之无法成为一个问题，但虎杖完美地适应了城市生活，它能迅速长出极

A 外来入侵植物是被有意或偶然从世界上另一地区引入到一个新的区域的植物。由于没有了原产地的病害与取食者对它们的制约，入侵植物有时便会横行肆虐。

◀ 虎杖（*Reynoutria japonica*）在英国的所有植株都是雌性的。如果出现了雄性植株，种子的繁殖就将成为可能，一旦这一变数发生，虎杖的控制将变得难上加难。

世界恶草魁首

2014 年，世界自然保护联盟（IUCN）组织了一项投票，以认定世界上最恶劣的杂草。在一众令人望而生畏的候选恶草中，这一尴尬的"殊荣"最终被授予了速生槐叶苹（又名人厌槐叶蘋，*Salvinia adnata*），一种源自巴西的水生蕨类植物。在许多国家，它在被引入的地方都泛滥成灾，阻塞河流水道，并给水库和水电设施带来麻烦。它的猖獗生长会扼杀其他水生植物，而其腐烂的残体则会从水中带走氧气，威胁鱼类和其他水生动物的数量。

△ 黑海杜鹃（*Rhododendron ponticum*）在英国和法国部分地区都极具侵略性。它每年产生多达 100 万颗种子，并能够随风散播 500 米远。

深且复原力极强的根系，除了耗时费力地根除它们（通常需要使用挖掘机）或至少连续两年非常密集地使用除草剂，任何别的方法都无济于事。虎杖可以靠极小的残根再生，在河岸渠边长势尤其茁壮繁盛。由于没有任何自然的抑制，阻止它的蔓延是一场没有胜算的战斗。

外来入侵植物的真正危险在于它们对生物多样性构成的威胁。正如虎杖一样，许多外来入侵植物原本都是作为新奇的观赏植物进口的，所以它们往往看上去很美，但行为却像是暴徒，会扼杀那些不够强大的植物。另一个在英国所向披靡的例子是黑海杜鹃——源自黑海沿岸，在酸性土壤中生长强劲，形成的巨大灌丛能够扼杀生长在较低水平面上的一切植物。此外还有醉鱼草属植物——它们虽受昆虫欢迎，但会驱逐、封杀许多其他植物。

食用菌与毒蘑菇的区别是什么？

在英语中，我们通常把食用蘑菇称为"mushroom"，把不可食用或有毒的蘑菇称作"toadstool"。这两者之间有真正的区别吗？答案是：没有。即便在你的印象中，mushroom 是一种在锅里咝咝作响的美味，而 toadstool 则是你绝不想吃的、颜色鲜红、带有危险的白色斑点的东西，但这并不是一种科学上的区分。

从马勃到蜜环菌（俗称榛蘑，英语俗称 honey fungus），担子菌类涵盖了各种各样的真菌。蜜环菌是爱树的园丁们的灾星，它以树根为食，会形成一层菌丝的集合体——菌丝体（mycelium），即使在树皮下也能蔓延。它逐渐生长出根状菌索（rhizomorph），这种较厚的鞋带状黑色结构能缠绕在树根上，最终令其腐烂。当树凋萎死亡时，根状菌索便向外伸展，去感染附近其他的树。

真菌学家或真菌爱好者并不区分毒蘑菇与食用菌：对他们来说，两者都只是担子菌类的子实体。

虽然蜜环菌造成的感染通常是局部的，但地下的菌丝体层有时也会向上长出蜜黄色的蘑菇。蘑菇的孢子能够由空气传播，从而将病害扩散到更远的地方。

有知有味

虽说在科学术语上，食用菌和毒蘑菇之间并没有明确的区别，但知道哪些蘑菇你可以吃，而哪些吃了会让你生病，还是很重要的。尽管名声不好，毒性大到足以危及生命的蘑菇其实寥寥无几——只有大约 1% 的蘑菇有可能致命。在那些

蜜环菌 *Armillaria mellea*，是极少数能够杀死活根的真菌之一。大多数的毒菌是无害的。

菌之美者

除了最常见的栽培蘑菇双孢蘑菇外，其他越来越容易买到的食用菌还有香菇（*Lentinula edodes*）、平菇（*Pleurotus ostreatus*），以及比较少见的猴头菇（*Hericium erinaceus*）和秀珍菇（*Pleurotus pulmonarius*）。农贸市场比在超市更容易买到风味浓郁啖之似肉的野蘑菇（*Agaricus arvensis*）和颜色橙黄、鲜美可口、有着近似于花的香气和味道的鸡油菌（*Cantharellus cibarius*）。

双孢蘑菇（*Agaricus bisporus*）

真菌中的终极奢侈品——松露，则属于另外一个群体：它们是子囊菌，而不是担子菌。

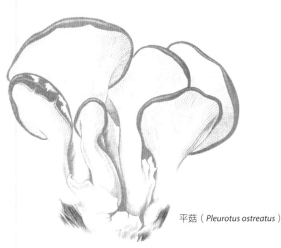

平菇（*Pleurotus ostreatus*）

热衷于采食蘑菇的传统的国家，比如意大利和格鲁吉亚，人们对蘑菇季的到来充满兴奋和期待，业余爱好者们非常了解什么可以吃，什么最好不要去碰。如果你想以他们为榜样，清楚地知道自己在做什么则至关重要。不过，现在人工栽培的食用菌种类越来越多，农贸市场往往也是寻觅"野味"的好去处。

Q 为什么有些树长有针叶？

一般来说，一种植物的生长环境越严酷，它的叶子就越小。针叶把叶子的压缩精简发挥到了极致：每片针叶有一根中心叶脉，周围环绕着含有叶绿素的细胞，厚厚的表皮能够防水，蜡质的角质层可以减少水分蒸发。与普通叶子相比，针叶上的气孔数量相对稀少。

A 针状的叶片能很好地减少植物的水分流失，因此对炎热气候中的植物很有用。同时，它们也适用于气候严寒地区的树木，那里的土地常被冻住，令水分的吸收变得困难。

节水并不是针叶带来的唯一好处。虽说针叶能很好地减少水分流失，但实际上单片的针叶并不包含多少水分。因此，如果叶片中的水分结冰，后续造成的冻害也会被降到最低程度。此外，在遭遇暴风雪时，由于大雪能从针叶上滑落，狂风也能轻易穿过针叶，树枝便不易折断。

尽管大部分针叶树都是常绿植物，但也有一些是落叶性的树木，例如欧洲落叶松（*Larix decidua*），它们的针叶会在秋季脱落。这些树木往往生长在最恶劣的条件下，落叶有助于它们度过山地的严冬。

鳞叶 VS 针叶

一些松柏类植物，如莱兰柏（×*Cuprocyparis leylandii*）以及北美乔柏（*Thuja plicata*），发展出了鳞状的叶片来替代针叶。鳞叶也是精简压缩的叶片，有助于植物应对恶劣的条件。还有一个意外的结果是，这些树种齐整的外观使它们广受欢迎，被用于营造稠密的树篱。

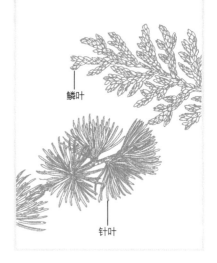

鳞叶

针叶

为什么有些植物长有棘刺?

植物是许多动物的美食，因此为了保护自己，它们投入了大量的资源。它们分泌有毒的化学物质，长出粗糙难吃的组织，用硬毛或蜡质的表皮包裹自己，等等。植物最常见的一种防御方式就是大量地布设尖锐的棘刺，使之成为自制的武器，对动物容易受伤的部位，如皮肤、眼睛和嘴巴构成威胁，严防它们靠近。

枸骨叶冬青（*Ilex aquifolium*）

无刺化

为了方便采收，人们已将一些天然多刺的果用植物，例如黑莓和醋栗，栽培出了没有尖刺的品种。植物育种家们定期从无刺的变种中遴选作为育种亲本的植株，以实现这一目的。

尖刺策略

在资源平衡上，枸骨叶冬青是一个"聪明"的例子。它的幼叶是革质的，有着蜡质的表面和可怕的

棘刺是一些植物的重要防御机制，不过这也只是一套总体策略的一部分。这一策略将植物的部分能量储备用于防御，余下的则用于繁殖，从而确保植物个体以及整个物种的生存。

尖刺，对幼苗有强大的保护作用。不过，随着植株的长高，超过了植食性动物的摄食高度，枸骨叶冬青长出的叶片便会失去尖刺，无刺的叶子节省了资源，并使光合作用变得更加高效。阿拉伯胶树（*Acacia senegal*）也有相似的策略，在长高的过程中会逐渐失去棘刺。此外，它还配备了另一种威慑物：渗出黏稠的树胶，据信也是为了减少动物的啃食。

种子包装袋上的"F_1"是什么意思？

你买来种在花园里的种子，大部分都是杂交品种，它们是由基因不同但关系密切的两种亲本植物杂交培育出来的。虽然杂交也会通过偶然的跨物种受精自然地发生，但是许多新植物的确是由植物育种者刻意创造出来的。他们将植物杂交，然后从产生的后代中挑选出结合了不同植物优点的最佳新品种。

杂交的益处

理解 F_1 杂交种（即第一代杂交种）的关键在于其亲本植物的自交系（inbred lines）。"自交繁殖"意味着繁殖受到严格控制，"双亲"都源于同株植物的自花传粉。而在"远交繁殖"中，双亲源自不同植株间的异花传粉。尽管保持了

育种者希望得到的优良性状，植物的近亲繁殖和动物一样，也与后代健康和活力的丧失，以及遗传变异性的下降相关联——对任何生物来说，基因库越萎缩，生命力就可能越缺乏。

不过，如果植物被反复地自交繁殖，直到它们拥有了相同的染色

一项昂贵的事业

理想的亲本自交系能够得到拥有双方亲本全部优良性状的后代，但想要开发和维持这种结合效果良好的亲本自交系，在技术上是复杂的，并且成本高昂。不过，杂交育种往往有足够的价值来回报这种努力，而且商业种植者通过留存和销售自己的种子，可以避免他人对关键基因组合的剽窃。如果一对 F_1 植物在你的花园中交叉传粉，会产生 F_2 植物，它们在遗传上的约束较少，将缺乏自交亲本在杂交时出现的杂种优势。因此，它们会分离出不同的性状并失去活力——这绝不是大多数园丁想要的那种意料之中、整齐均一的效果。所以，为了得到 F_1 杂交种那些可预见的特性所带来的好处，你必须每年购买新种子。

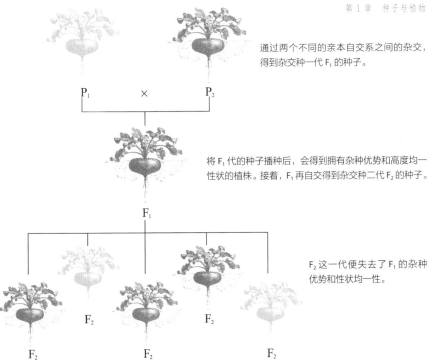

通过两个不同的亲本自交系之间的杂交，得到杂交种一代 F_1 的种子。

将 F_1 代的种子播种后，会得到拥有杂种优势和高度均一性状的植株。接着，F_1 再自交得到杂交种二代 F_2 的种子。

F_2 这一代便失去了 F_1 的杂种优势和性状均一性。

体对（称为"纯合子"），形成性状一致、遗传基础单纯的自交系后，将它们与别的自交系进行杂交，其后代就会显现出一种被称为杂种优势或杂交优势的新力量。这种优势的最终结果是产出强壮并且性状均一的植物。这种方法在商业上被用于生产大量相同的群体，以满足农作物或大片花坛植物栽培等方面的需要。

◻ 擘蓝（俗称苤蓝，Kohlrabi）同甘蓝家族的许多其他植物一样不能自花传粉，但是如果剖开未开放的花进行人工授粉，就能实现自交繁殖。

A 当种子的包装袋上出现"F_1"时，说明里面的种子是杂交繁育的第一代——"F"代表"杂交子代"（filial），"1"表示"第一代"。

为什么野生植物看上去旺盛茁壮，而那些精心种植在花园里的却常常会死？

这是一种很普遍的印象，但这并不是真的——事实上，只有比例很低的野生植物种子能够发芽并生长到成熟期。人们有这种错觉通常是因为，无论是高速公路的路堤还是肥沃的花园，落到任何一种人工环境的土地上的野生植物种子，都会发现自己不必面对常规的生存竞争，于是便能异常轻松地茁壮成长。

野外的胜算

为了生存，野生植物必须把数量庞大的种子投放到世界上，以期有少数能长成成熟的植株，再行繁殖。仅举一个例子：一棵橡树一生中会产出多达 500 万颗橡子，但即使是在幸运的情况下，这些橡子最后只能生出几棵橡树。九成以上的种子，甚至在有机会发芽之前就会被吃掉或死去。少数幸运的种子能到达一片没有毁灭性竞争的土地并得以发芽，但其中大部分仍逃不过

你更容易看到你所选择和种植的植物中那些失败的案例，这些坏结果可能出自各种各样的原因。你看不到的是大量的野生植物其实根本活不到成熟期。

▶ 每一棵橡树可以落下多达 1 吨重的橡子。每公顷土地仅需 18 棵橡树，其橡子的产量就能超过小麦（英国的小麦产量纪录目前是每公顷 16 吨）。

栽培失败的主要原因

虽然有时候园丁确有责任，但园艺植物和种子的一些先天特性也会导致令人失望的结果。

差劲的种子。商品种子不会是新鲜的：它们经历了采收、清洁、包装，直到上市销售，种子的质量在这一时间过程当中可能变坏。

天气。任何地方的任何植物都可能成为恶劣天气的受害者。一次反季节的霜冻或一场持续性的干旱都会令原本健康的植物死去。

受到过度保护的根系。如果你从苗圃购买一棵植物，此前它往往生长在专业的盆栽介质中，那是一个频繁浇水、可能还使用了化肥和杀虫剂的非自然环境。当被移栽到粗糙、湿冷、排水缓慢的园土中时，植物原本娇生惯养的根系将无法适应。

被吃掉的命运，或死于同更强壮的植物的竞争。就橡树而言，虽然少数成功萌芽的橡子长成了树苗，但在它们能够自己繁殖之前的整整20年里，不仅必须经受住天气、虫害与病害的考验，还可能成为植食性动物的快餐。如果农民或园丁种植植物所面对的是与野生植物相同的胜算，那么他们多半儿会直接认输。

但是，只要加上一些培育和养护，植物便会立刻获得极大的胜算。就果树而言，在恰当的条件下种植便有望达到95%的成功率。在一袋商品胡萝卜种子中，应该约有80%能够发芽，大约50%能够长成有活力的幼苗。

青椒内部的气体和外面的是一样的吗？

人们一直热衷于讨论这个相当专业的问题，并且为了弄清真相已经做了大量的实验。青椒（中文正式名菜椒，又名柿子椒、灯笼椒）光滑、明显无孔的表皮自然引发了青椒不能"呼吸"的假设，因此，人们认为青椒内部的气体必定与外面的空气有所不同。

尽管有着光洁的表面，青椒内部和外部的气体可能仍旧存在某种限制性的扩散，否则其内部气体的二氧化碳含量就应该比实测结果更高。一项针对青椒种子发育的实验发现，人为地减少果实内部的氧气含量会对种子产生不利的影响。实验结论是青椒对其内部的微气候有着足够的掌控，从而保障种子成功发育。

回答一个问题常常又会引出其他的问题：青椒内部的气体会在日夜之间发生变化吗？气体会随着青椒的生长而发生变化吗？等等。不管有用与否，互联网上类似这样的追问仍将继续。

测试结果表明，外部空气与青椒内部的气体的确有所不同。普通空气中含有大约 78% 的氮气、21% 的氧气，以及微量的氩气、二氧化碳、水蒸气和其他气体；"青椒气"中的氧气含量减少了 2%~3%，而二氧化碳的含量则多了 3%。

种子何以知道哪边是上？

种子发芽时通常不会犯错，无论以什么方向被放置在地里，生出的根似乎总会扎入泥土，而发出的芽则总会朝向阳光生长。但种子是如何知道应该向哪儿生长的呢？它们从不出错吗？

出路无非向上或向下

根需要向下生长，因为如果没有固着物以及获取水分的途径，幼苗就不太可能存活。事实上，植物的根具有明显的向下生长的倾向——技术术语叫作"向地性"或"向重力性"——尽管人们对这一现象的原理还知之甚少，但据信这是通过位于根尖的平衡细胞（一种可能能够感知重力的细胞）来实现的。如果根尖遭到破坏，在修复之前根就不会向下生长。同样的原理在侧根向外生长时也发

挥了作用，只不过平衡细胞促进的是根的横向生长而非垂直生长。

芽也通体分布着平衡细胞。这些细胞富含淀粉，会在重力作用下沉淀，促进芽的向上生长。由于整个芽都含有这些重力感应细胞，即使芽的尖端受到损伤，也仍能继续向上生长。

种子在萌芽前处于休眠状态，此时它们没办法感知方向。然而一旦发芽，新生的根和芽就能敏锐地与重力相协调，朝着正确的方向生长。

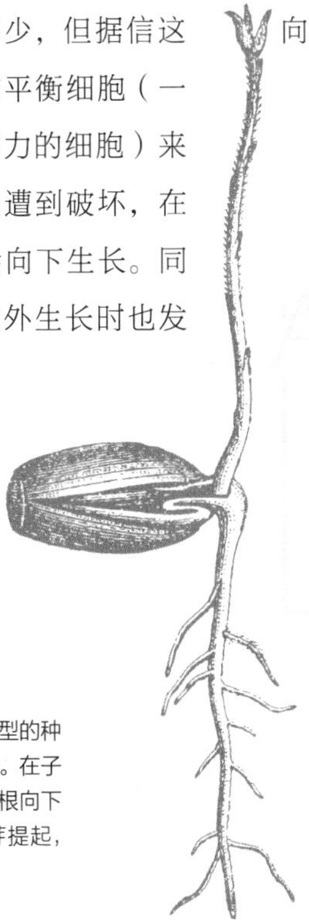

如图所示，在子叶留土型的种子萌发时，种子留在土中。在子叶出土型的种子萌发时，根向下生长，而种子被伸长的芽提起，顶出土面。

水在植物体内传输的速度有多快？

　　为了进行光合作用，植物需要充足的水。蒸腾作用的过程意味着植物用水来"交换"作为养料生产关键部分的二氧化碳——当二氧化碳被吸收进来时，水由植物的叶子排出。但为了实现蒸腾作用，水首先需要从植物的根部被运送到叶片。

观察蒸腾作用

　　可以通过一个实验来观察蒸腾作用，你只需要准备一些红色或蓝色的食用色素和几枝白色的康乃馨。

· 以 45 度角斜切掉康乃馨花茎的末端，小心不要让茎部受压变形（否则可能会损坏其内部结构）。

· 先在盛有水的器皿中加入一些食用色素，再插入康乃馨。

· 记下花朵改变颜色所需要的时间。待花变色后，你就可以通过花茎的长度和花朵变色所耗费的时间计算出水的传输速度。

▶ 中间那枝花的茎被纵切为两半，分别浸入颜色不同的水中，得出了一朵双色花。

从根到枝

　　水的传输速度在一定程度上取决于植物根部吸收水分的速度。当蒸腾作用达到最高水平时，一棵树通过叶片排出的水量是相当惊人的：在微风习习的炎热夏日，一棵大树每天可以释放出多达 2000 升的水，峰值发生在正午至傍晚日落之前。

　　有两种方法可以测量水在木质部（植物体内连通着根到叶片的循环管路）中传输的速度。第一种方法是在根部吸收的水中加入染料，测量水到达叶片所需的时长（见康乃馨的实验）。第二种方法是从根部向上输送一股温度稍暖的水，测量它在茎或树干中传输一定距离所耗的时长。

　　实验发现，不同植物传输水的速度有着显著的差异，但有代表性的是，水从一棵 23

　　对一株雏菊（*Bellis perennis*）来说，这并不是什么巨大的挑战，但对于林中的树木而言，蒸腾作用需要将大量的水提升到很高的高度。研究表明，不同植物传输水分的速度各异。如你所料，少量的水传输快，水量越大则传输速度越慢。

米高的橡树的根部到达顶部，只需要不到半个小时。以 1 小时为单位，水在一棵橡树上能够传输 43.6 米，在一棵欧栲上是 25.7 米，而在一棵针叶树上的传输速度则要慢得多——只有 0.5 米 / 小时。

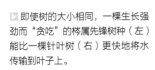

▷ 即使树的大小相同，一棵生长强劲而"贪吃"的栲属先锋树种（左）能比一棵针叶树（右）更快地将水传输到叶子上。

种子能够通过水来传播吗？

　　某些种子特别适合通过流水传播，尽管这未必是它们的主要传播手段，而另一些种子则是偶然被水冲到了新的土地上。这些轻盈、容易浮起的种子在水中漂浮，能被流水带到很远的地方，最终被冲上岸，在远离亲本植物的地方生根发芽。

水中的旅程

　　随波逐流的种子虽无脱水之忧，却也无法决定最终归宿何处。许多在河边地带生长的植物有着轻而易浮的种子，它们的生境大多局限于湿地——毒芹属植物和有毒的入侵植物巨独活（*Heracleum mantegazzianum*）同属伞形科（通常有着轻盈的木栓质的种子），它们的种子往往会最终到达一片面积较大的孤立河滩，在那里找到一处发芽生长的好地方。有毒植物曼陀罗（*Datura stramonium*）以及莎草科的许多植物也分布在河流沿岸。成功的杂草并

◀ 毒芹属（*Cicuta*）植物的种子在河流与沟渠中顺水漂流，它们繁殖出的植物会对牧场的牲畜构成威胁，所以需要用围栏隔离。

　　水是一种很好的种子传播媒介，无论有意还是无意，种子传播时对水的利用都超乎你的想象。在植物拓展领地、征服新的疆土时，溪水、河流、洪水甚至是海洋都可以为其所用。

不总是依赖于单一的传播方式。例如，酸模属（*Rumex*）植物有着带翅的种子，能够同时很好地适应风和流水的传播——在水中，种子凭借轻盈的翅获得浮力。

意料之外的乘客

灌溉系统也是种子传播的一条常见途径。美国的一项调查发现，从哥伦比亚河提取的灌溉水中至少存在 138 种有活力的不同杂草的种子，这突显了植物们的机会主义。随着抗除草剂的杂草越来越多，过滤灌溉用水的做法可能需要加强推广，以阻止一些侵略性极强的物种通过灌溉这个途径传播。

▲ 生长在中南美洲热带河畔的豆科植物的种子，在横渡大西洋后常被冲上英国的海岸，被人们称作"海漂豆子"（Sea beans）。

航海的椰子

有数量惊人的坚果和种子是乘着洋流散布到新的陆地上的。椰子是最令人钦佩的"水手"之一：有椰子从美拉尼西亚漂流到澳大利亚东海岸的记录，还传闻有更长航程的证据存在。人们无法断定哪些椰子从世界上的什么地方漂流到了它们最终的落脚点，也无从明确哪些的祖先曾搭上过人类航海活动的"便船"，但没有争议的是，种子被安全地包在一层厚厚的胚乳（我们所吃的白色的"椰肉"部分）当中，又被装进一个坚硬的木壳（内果皮）里，最后再裹上一层有浮力的纤维质外皮（中果皮），这些都是椰子漫长的海上之旅所需的理想装备。

第 2 章

花朵 与 果实

无花果树为什么没有花？

中国人将 fig 这种植物称作"无花果"，字面意思就是"没有花的果子"。但植物也不可貌相，无花果其实是有花的，只不过你看不见它们。更准确地说，无花果树拥有一种特殊的着生花的器官，叫作"隐头花序"。它们受精和繁殖的方式非常精妙。

无花果是非同寻常的植物。从专业角度上讲，日常作为水果被称为"无花果"的"果实"结构根本不是一个果：它是一个隐头花序，由茎的延伸部分膨大形成。每个隐头花序都构成一个中空的腔室，里面密布许多独立的小花。

完美的合作伙伴

无花果树的"果"其实是一种特殊的花序——"隐头花序"，内部藏着许多小花。无花果的隐头花序有两种：雌性隐头花序内部的小花全部是雌花；两性的隐头花序里则生有雄花和由雌花

特化而来、适合特定昆虫产卵的瘿花，所以也被称为"雄瘿花序"。野生无花果必须经过授粉才能成熟结籽，而传粉的工作是由一种体长不到 2 毫米，非常微小而特殊的蜂——无花果小蜂来完成的。

无花果小蜂的生命周期与无花果密切相关，两者的生存繁衍彼此依赖。无花果树的每个隐头花序都有一个微小的自然开口，雌性小蜂就通过这个小孔挤进隐头花序内部的腔室。尽管这个孔小到雌性小蜂钻入时可能会失去翅膀和触须，但并不影响它用身上携带的花粉给无花果授粉——接受花粉的是雌性隐头花序内的雌花，而花粉则来自孕育雌性小蜂的那只无花果，那是一个雄瘿花序。

在无花果树的雄瘿花序中，雄花产生花粉，瘿花供雌性小蜂产卵。

雌性隐头花序经授粉发育而成的无花果"果实"，称为隐花果或榕果，甜蜜多汁。

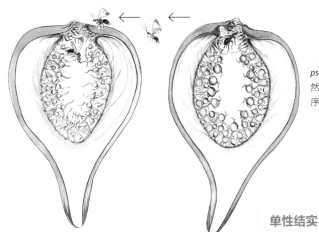

雌性无花果小蜂（*Blastophaga psenes*）在一个雄瘿花序中长大，然后把花粉带到了一个雌性隐头花序中，无花果的雌花得到授粉。

一旦完成产卵，雌性无花果小蜂便会死去。卵孵化后，幼虫会发育成蛹，继而长成新一代成年的小蜂。雄性小蜂会与雌性交配，然后帮忙拓宽无花果内部通向外界的通道；受孕后的雌性小蜂则会经通道钻出飞走，再钻进另一个雄瘿花序产卵，开始新一轮的循环。无花果树的雌性隐头花序里只有雌花，没有适合产卵的瘿花，雌性无花果小蜂要是误入了一个雌性隐头花序，便无法产卵。不过，由于在钻出孕育它的那个雄瘿花序时身上沾上了雄花的花粉，雌性小蜂在自己无法产卵繁殖的窘境下，却为无花果的雌花完成了授粉。雌花受精后整个雌性隐头花序会发育成成熟美味的无花果，里面的种子借着取食它们的动物得到传播。

无花果树的雄瘿花序为无花果小蜂提供了产卵和成长的环境，却

单性结实

无花果小蜂只生活在气候温暖的地区。在比较寒冷的国家，种植者们培育出了不经过授粉也能产出成熟果实的单性结实无花果。尽管品质通常不如受精结实的无花果那么好——也许你并不愿意把它放进你的无花果布丁里——但在缺少能够完成极其特殊的传粉工作的无花果小蜂的情况下，这些果子仍有其用武之地。

不被小蜂授粉，最终不会变成甜蜜多汁勾起人们食欲的水果，但山羊们却似乎很乐意把这些小而硬的果子纳入它们的食谱。

植物与其传粉者之间密切而专一的关系，还有不少例子：红花山梗菜（*Lobelia cardinalis*）有着细长的红色花朵，只能通过蜂鸟来传粉；作为室内盆栽植物而畅销的蝴蝶兰，飞蛾似的花朵随着微风摆动，吸引着蛾类将花粉从一朵花传递到另一朵花。

苹果真的就掉在树下吗？

正如老话说的那样，苹果的确落在树的附近——重力确保了这一点。不过，苹果树产出美味的果实也是它策略的一部分，目的是让它的种子被带到一定距离之外——这个距离要足够远，以确保它们能够成功地生长，并且不会与亲本植株竞争阳光和养分。

除了动物会把苹果的种子带到新的地方生长之外，种子自身通过动物消化道的"旅程"，也有助于种子做好落地后迅速发芽的准备。

生产又大又甜又多汁的果实对一棵树来说是代价高昂的。不过，亲本所做的投资是经过算计的：如果苹果能够吸引路过的动物并被吃掉，那么种子便会在远离亲本的地方被排出。

龙生龙，凤生凤？

纵然苹果树为了繁殖不辞劳苦，但当种子发芽长大后，苹果树未必能认出自己的后代。因为苹果的遗传构成非常多变，所以由种子长成的苹果树很少会与其亲本相似。另外，苹果在扦插时生根也是出了名地困难。因此，当栽培者想要得到

栽培苹果品种橘苹（Cox's Orange Pippin）。布瑞本（Braeburn）、橘苹（Cox）、嘎啦（Gala）和绿宝（Bramleys）这几个品种占据了英国苹果生产的主导地位。元帅（Delicious）是欧盟国家最受欢迎的苹果品种。

苹果属品种 *Malus* 'Hyslop'。有关这种源头不明的大个儿海棠果的最早记录出现在 1869 年。它有着深红色的表皮和紫色的光泽，有时它的英文名字被拼成 "Hislop"。

一棵能够可靠地产出特定品质果实的苹果树时，他们会采用嫁接的方法进行繁殖。也就是说，将带芽的母株接穗嵌入一棵同种或近似种幼树（砧木）上的切口，使得两者的维管、生长组织刚好对齐。假以时日，嫁接植株将会成活，长成一棵结出的果实与亲本完全一样的果树。

有苹果总好过没苹果

北美地区的古老苹果品种和祖传苹果品种尤其丰富。据说，这在一定程度上是因为仅凭缓慢而不太可靠的运输工具，第一批西进的拓荒者很难将活的树木运送到交通不便的内陆。这让他们别无选择，只能通过苹果的种子建立新的果园，尽管种子常常靠不住，但至少容易携带。那些种子种出来的树产出的苹果，特征可能是非常多变的，质量大概也相对较差，但在拓荒时代的早期，有苹果总要好过没有。于是，各种各样的苹果种子的广泛使用成就了大量的、种类繁多的果树，其中一些突出的品种继而通过嫁接得到繁殖，并用于育种。

Q 为什么花的样子千奇百怪？

　　植物不像动物那样可以四处移动，所以无法主动寻找配偶，它们的繁殖需要一些帮助——而这正是它们的多样性背后隐藏的秘密。植物们找到的各种各样的解决方案也令它们对别的生物系统的存续有了格外重要的意义。无论在微观还是在宏观上，植物所扮演的角色已不仅限于确保其自身的生存。

　　传粉是植物生命周期中需要得到帮助的环节。每一种花的结构要么是为了引诱花粉"快递员"们——通常是蜜蜂或其他昆虫，偶尔会是鸟类甚至是蝙蝠——前来访花，要么是利用气流来播撒花粉。

　　花儿需要有超越竞争对手的优势。为了达到这个目的，它们在演化中找到了各种各样的方式：它们可能在结构、颜色或气味上寻求注

A　开花的植物不仅需要有花，还需要被授粉并播下种子进行繁殖，植物演化出了各种各样的办法来达到这个目的。

意，或者为昆虫寻找花蜜提供便利。许多花发展出了吸引特定昆虫种类的特点，例如：钟形的花是喙长体圆的蜂类的理想选择，它们可以爬进花里，用长喙够到花冠基部的花蜜；一些高度进化的兰科蜂兰属植物，则干脆长成了它们的授粉昆虫的样子。

不求人的自花受精

　　3/4 的有花植物会开出两性花，即一朵花中同时包含了雌雄蕊。尽管自花授粉的结果往往并不理想——足够充分的异花授粉才能带来强壮的后代——但如果其他办法都失败了，植物至少还可以依靠自己繁衍下去。

蜂兰（*Ophrys apifera*）

什么是重瓣花？

重瓣花很容易辨认：它们看起来全是花瓣，比单瓣花显得更丰满、更"蓬松"。相比之下，单瓣花通常有一个可见的中心，由雄蕊和雌蕊组成，分别是花的雄性和雌性生殖器官。

重瓣花有一层额外的花瓣，令它们更加引人注目。大部分重瓣花为了额外的花瓣牺牲了雄蕊和雌蕊。

园艺大丽菊
（*Dahlia hortensis*）

重瓣花是基因自然突变产生的，由于缺少单瓣花所拥有的生殖器官，它们往往是不育的：既没有花蜜也没有花粉，没有什么可以吸引昆虫来造访它们。即使真的来了，也没有花粉可供昆虫带给另一朵花。因此重瓣花通常只能通过人工方法来进行繁殖——扦插、分株或微繁殖。尽管有这种天然的缺陷，艳丽的外表却让它们很受人们欢迎，因此，有心的园丁会注意到重瓣花的出现，并将它们作为新品种来栽培。

特殊的重瓣花

并非所有的重瓣花都不育：有些重瓣花额外的花瓣并不是以牺牲它们的生殖系统为代价而得来的。在这些情况中，花瓣取代的是花朵的其他部分，比如苞片。而在重瓣向日葵的例子中，整个"花"（其实是整个头状花序）实际上是被重组了，原本只生在外围的"花瓣"（其实是舌状花）取代了原本在内部构成圆盘的那些管状花。

怎样分辨一朵花是雄的还是雌的？

绝大多数的花都是雌雄同体的，它们既有雄性器官，又有雌性器官——植物学术语称之为"两性花"。一朵花的雄性部分是雄蕊群及其上面的花粉，而雌性部分是雌蕊群，每个雌蕊的基部是子房。植物的配子（gametes），或者说性细胞，分别位于花粉粒和子房内。

大部分的花是雌雄同体的，同时具备雄性和雌性器官。仅需一点点关于花的解剖学知识，就能让分辨它们的生殖器官变得简单，只不过有一些花小到需要使用放大镜来观察。

花的中心由子房占据，它容纳着种子的前体（胚珠）。子房通过花柱连接着收集花粉的黏性柱头。

各部分名称

一朵花的外层——萼片和花瓣——与性别无关。再往里看，你会发现雄蕊——丝状的结构，每一根都支撑着一个"头"，或者说花药，那是花粉粒产生的地方。所有的雄蕊总称为雄蕊群，通常有着独特的排列模式。雄蕊精致而复杂的布局，在植物学家尝试通过花来鉴定一株植物时，能够提供一些帮助——雄蕊群的排列模式往往是近缘植物间

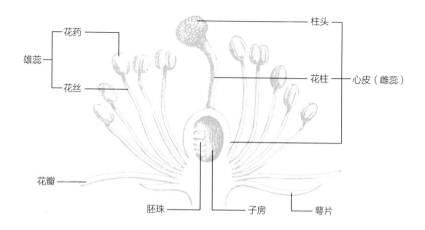

单性植物

　　虽然大部分植物在同一朵花上兼有雄性和雌性的部分，但也有不少例外。其中一些植物，比如榛属（*Corylus*）植物，在同一植株上有两种花，分别长着雄性和雌性器官；而另一些植物则整株都是单性的，需要"邂逅"另一性别的植物，通过受精来繁殖后代，植物学上称为"雌雄异株"。声名狼藉的虎杖（*Reynoutria japonica*）就是后者中的一种。在英国，至今只引进过雌性植株。尽管没有雄性为它们提供受精繁殖的机会，雌性虎杖却简单地通过根状茎的分生和蔓延迅速而侵略性地占据了它们的新领地——一个逆势入侵取得惊人成功的案例。

雌花

雄花

欧榛（*Corylus avellana*）

的共有特征之一。

　　心皮通常位于花的中心附近。有时它们是相互分离的单位，但也可能融合成一个或多个结构，构成雌蕊。所有的雌蕊总称为雌蕊群，与雄蕊群相对应。尽管在不同的花上有不同的布局，但最基本的模式是——想象一朵毛茛花——中心位置有一个或数个雌蕊，周围环绕着一圈雄蕊。

毛茛属（*Ranunculus*）

蜜蜂眼中的花是什么样的？

先有花，还是先有蜜蜂呢？科学研究表明，早期的蜜蜂，是先于花出现的——或者至少要先于我们所认为的现代意义上的花——所以更有可能的是，花的演化发展是为了取悦蜜蜂。

演化史上较早出现的花，比如木兰，似乎倾向于让自己吸引尽可能多的潜在传粉者。不过，随着时间的推移，演化的策略发生了改变：植物开始倾向于吸引特定的昆虫传粉者。那些蜜蜂传粉效果最好的植物，需要找到办法让自己更加显眼，以适应蜜蜂的视觉。尽管蜜蜂能够看到紫外光，它们巨大的复眼却并不十分精确——它们不能像我们一样轻易地分辨花朵的不同部位。

鸟、蜜蜂还是蝴蝶？

每一种传粉者都有其偏爱的光谱范围。经演化通过蜜蜂传粉的花，花色倾向于蓝色到紫色的范围（有些甚至还发出我们看不见的紫外光）。鸟类则偏爱红色和橙色的花，而蝴蝶的"审美"则稍显大胆，橙色、黄色、红色和粉色的花都能吸引它们。至于夜行性的蝙蝠和蛾子，它们不受绚丽色彩的影响，始终钟爱白色，但还须配有强烈的香味才行。

蜜蜂采集花蜜以获取能量，它们用后足收集大量黄色的花粉，为巢中的幼虫提供蛋白质。

着陆指示灯

　　用模拟蜜蜂视觉的照相机拍下的花朵，往往呈现出非常鲜明的条纹、斑点和同心环等图案，它们就像是指引降落的指示灯，告诉蜜蜂去哪里获取花蜜，并顺便通过碰擦雄蕊收集花粉。我们所看到的颜色对蜜蜂而言并不总是重要的：虽然它们的视觉范围令它们倾向于蓝色和紫色的花，但如果图案指示足够强烈的话，它们也可能将采蜜的目标扩展到其他颜色的花。比如，蜜蜂就很喜欢一些鲜红色的钓钟柳和

人类眼中鲜黄色的月见草（*Oenothera biennis*）（左），昆虫所见到的是其显示着"花蜜在此"图案的紫外光图像（右）。

大丽花——尽管我们知道蜜蜂看不见红色——由于花朵展示的图案和标记已经鲜明到足以吸引它们，即使没有额外的可见颜色的刺激也不妨事。

龙胆状钓钟柳
（*Penstemon gentianoides*）

　　蜜蜂看到的颜色与我们不同。它们可以看到紫外光和一定范围的蓝色、黄色、绿色和紫色，但它们看不见红色。因此，许多常见的花在蜜蜂眼中与我们所看到的很不一样。

结出无籽果实的植物如何繁殖？

克里曼丁橘（Clementine）、脐橙和其他一些柑橘类水果在商店里常常以"无籽"作为卖点。它们显然吃起来更加方便——不用吐籽，但是，如果没有籽，又如何繁殖出新的果树呢？

单性结实的水果有一些缺点。因为令水果膨大的激素只存在于受精后形成的种子中，所以单性结实的水果通常都很小——当然，如果想令果实长得更大，栽培者可以使用人工激素让植物克服这种倾向。没有种子还意味着种植者只能通过嫁接的方式得到新的果树。不过，无籽水果的受欢迎程度让这些比较小的缺点变得不再重要。

还有其他一些类型的无籽水果，它们并非都以同样的方式产生。例如，无籽葡萄便源自另一种途径：授粉确实发生了，果实也确实结籽了，但基因突变令种子不能继续生

无籽的柑橘类水果来自单性结实（parthenocarpic，即未经过受精而结实）的果树，也就是那些不需要授粉就能结果的树。果树的这种倾向对种植者来说是有用的，他们并不需要为此担心。

长或无法形成保护性的坚硬表皮。于是，萎缩的种子造就了无籽的果实。

欧洲最受欢迎的鲜食梨品种"康富伦斯"有单性结实的自然倾向，所以即使在天气糟糕因而自然授粉不足的栽培季，也能有收成。栽培者可以通过使用一种特殊的天然激素——赤霉酸——来帮助果树结实，这种激素能够促进植物单性结实的倾向。

如图所示，"康富伦斯"（Conference）梨通常含有种子，果形是梨形的。未经授粉结出的果实则未发育出种子，果形细长，不似梨形。

花儿为什么有香味？

花的气味由花所含的各种气味分子的数量以及它们之间的比例关系共同决定。不仅如此，气味还是可变的——在不同的时间，出于不同的原因，一朵花的气味在强度和质量上都可以发生变化。

对人类来说，大部分的花闻起来都是香的，园丁们也从不厌倦嗅闻他们的植物。不过，对于植物自身而言，气味却是它们生存之战中的关键武器。夜间开花的百合和烟草，以及傍晚开始释放花香的紫罗兰，都因芬芳而扬名，这是因为它们的夜间传粉者在天黑后看不见艳丽的花色；白天开放的花朵在气味上各显神通：由蜂类和蝇类传粉的花通常有着非常甜美的气味，而那些依靠甲虫传粉的花则更倾向于释放出麝香、辛香一类的气味。

置身于一个鲜花盛开的花园时，我们很难看到花园里正在进行的生

林生烟草（*Nicotiana sylvestris*），花白色，有着依靠夜行性的蛾类传粉的植物典型的甜美花香。

气味只是花朵吸引传粉者的方式之一。但对于那些适应了飞蛾、蝙蝠等夜行性访花者的植物来说，气味尤其重要，因为在黑夜里，气味比颜色更有吸引力。

存之战。但对植物来说，对周遭环境适应得好不好，决定了它们能否成功繁殖，这是个生死攸关的问题。无论是色彩、结构，还是气味，植物所使用的这些"武器"都是经过精密测评的。

Q 水果和蔬菜的区别是什么？

水果和蔬菜的区别在于它们在厨房里的不同用法吗？或者说，在我们把它们当作食物的主观判断之外，有没有一种万无一失的方法来区分它们？和许多关于植物的问题一样，这个问题的答案一定程度上还是离不开一句"那要看……"。

A 从本质上说，作为植物果实的水果有种子，而蔬菜没有。但也有一些特例，比如无籽葡萄的存在便立即证明这种区分标准还是过于简单了。因此更准确的说法是：水果源自植物的子房，而植物的所有其他部分——花蕾、茎、叶和根——都算是蔬菜。

撇开技术上的差别，区分水果和蔬菜的日常方法就是看我们怎么吃它们了。常被用作蔬菜的果实可不在少数——茄子、菜豆、西葫芦、豌豆、辣椒、南瓜和番茄，这些技术上的果实都被我们当作蔬菜食用，而大黄是一种蔬菜，却被当作水果食用。烹调料理界的定义可不受植物学范畴的约束！不仅如此，不同的菜系在区分蔬菜和水果上自然也有所不同。例如在一些亚洲菜系中，甜瓜就被当作蔬菜来食用。

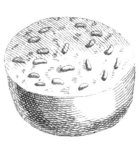

茄子是一种质地紧实的果实，含有许多种子，在植物学概念上属于浆果（详见右页）。

不是浆果的"浆果"

　　更令人困惑的是，植物学上对浆果（berry）的定义与通俗的说法截然不同。从专业角度上讲，浆果是单朵花的产物，植物的雌性器官——子房——的外壁发育成了肉质的、可食用的果皮层。这意味着鳄梨（牛油果）和番茄是真正的浆果，但草莓并不是浆果。（注：英语中以"-berry"结尾的悬钩子属的覆盆子、黑莓等，也不是浆果。）

鳄梨
（ *Persea americana* ）

那么它们又是什么果呢？

　　草莓是由草莓花的花托膨大发育而成的，点缀在草莓表面上的那些微小的"籽"，才是草莓真正的果，它们释放植物激素，使得整个草莓"果"成熟。另一方面，每只覆盆子都是最初包含在同一朵花中的多个子房融合的产物，也就是所谓的聚合果。覆盆子的每一个小小的构成单元本身都是一个果，包含着一粒种子。这些独立的小单元都有着自己的果皮和种子，意味着覆盆子含有异常丰富的纤维质。

草莓
（ *Fragaria × ananassa* ）

覆盆子
（ *Rubus idaeus* ）

花儿为什么要制造花蜜？

如果问一只蜜蜂为什么访花，它可不会滔滔不绝地大谈它所扮演的传粉者的角色。它的回答也许就两个字：花蜜。没有这种甜蜜的诱惑，蜜蜂和大部分其他昆虫都不会费时费力忙碌于花丛之中。

在美洲，蜂鸟是重要的传粉者（图为剪尾蜂鸟）。它们每天需要摄入几倍于自身体重（体重可达 8 克）的花蜜。

花蜜是花儿对几乎所有传粉昆虫的主要诱惑。气味和颜色是针对这些昆虫打出的广告："瞧，这里有花蜜！"

生产花蜜对植物来说代价高昂，需要耗费大部分植物超过 1/3 的可用糖类资源。蜜腺是生产花蜜的特殊腺体，通常（尽管并不总是）位于植物的花内。蜜腺连接着植物韧皮部中的筛管，使植物汁液中的糖直接被输送至蜜腺。

掌握时机

只有当植物有了花粉，需要被传送到另一朵花的时候，花蜜才有必要。因此，花儿只在花粉成熟时才会释放香气，给访花的昆虫提供花蜜。

尽管成分配比有所不同，但花蜜主要是由葡萄糖、果糖和蔗糖组成的。主要传粉者决定了花蜜的配方。例如，富含蔗糖的花蜜，多见于由蜂鸟或具有特殊的长口器的昆虫（如蝶、蛾和一些长喙的蜂类）授粉的花，而葡萄糖和果糖似乎对蝇类、短喙的蜂类以及蝙蝠有强烈的吸引力。每种植物都知道哪种配方最能吸引其特定的传粉者。

当植物被受精或者花粉用尽之后，花蜜的生产就停止了，植物不再浪费宝贵的资源，因为它们还有更重要的后续任务要完成——比如让种子成熟。这种对资源的高效利用，是在残酷无情的植物世界中生存的关键。

花粉食客

每一条法则都有例外：一些昆虫会吃掉花粉，而不是收集它们。有些甲虫和螨虫把花粉当作食物的重要来源，瓢虫也很喜欢花粉。花粉富含蛋白质和氨基酸，是一种很有价值的食物；某些种类的黄蜂和蜜蜂已经学会了将花粉和花蜜混合在一起，为它们的幼虫制造出一种极富营养的食物。

蝶类长而精巧的喙是取食有着许多管状小花的菊科家族植物花蜜的利器，比如图中的蝴蝶正吸取百日菊的花蜜。

向日葵的花盘真的会跟着太阳转动吗？

有一条流传甚久的园艺经验，说的是无论太阳在哪里，向日葵都会朝向它。虽然并不完全准确，但这个说法也蕴含了一些真理。

巧妙的平衡

向日葵"向日"的科学原理其实是这样的：白天，尚未成熟（花盘盛开之前）的向日葵的茎在背光面生长得更多，这就使得整个花盘发生倾斜并朝向太阳，及至日落，花盘向西弯曲；但日落之后，向日葵就会开始寻求平衡——随着茎的另一侧的生长，到了早上，花盘就会重新朝向东方。有计算表明，通过这样的转动，生长中的向日葵能够多利用 15% 的阳光来进行光合作用。

拜日者

一些植物的确会"追随"太阳，这种现象叫作向日性（heliotropism）。它们往往生长在恶劣的环境中，成功结籽还是繁殖失败也许就取决于这一点点额外的温暖。

成熟之前的向日葵确实会朝向太阳，这是向日葵在其活跃生长期中将光合作用最大化的一种方式。不过，一旦花盘成熟，花盘上的小花完全开放，向日葵就会一直朝向东方，不再旋转。如果你打算种植一片向日葵花境，就需要将这一点考虑在内。

向日葵（*Helianthus annuus*）

为什么绣球花有的粉有的蓝？

花的颜色会受到周遭环境的影响，也会受到植物自身化学成分的影响。绣球花和泽八仙花（*Hydrangea serrata*）都可以从蓝色变成粉红色，然后再变回去，这是由它们生长的土壤决定的。

在铝离子含量高的土壤中生长的绣球花是蓝色的，但蓝色的深浅取决于植株自身花青素的含量——花青素含量越高，蓝色越深。不过，

如果土壤中不含铝离子，绣球花就会是粉红色的，而粉红色的深浅也取决于植株自身所含色素的多少。

蓝色或粉红色的可变花色，取决于植株内在的色素水平以及土壤中的铝离子含量。铝离子的含量是关键因素，它通常大量存在于酸性土壤中，但在碱性或白垩质土壤中则几乎不存在。

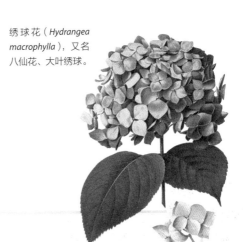

绣球花（*Hydrangea macrophylla*），又名八仙花、大叶绣球。

变色魔法

"你看别人家的……"综合征表现在园丁们身上，大概意味着如果你有蓝色的绣球花，你就会渴望粉红色的，反之亦然。如果你的花园里没有足够的铝离子来产生蓝色的绣球花，你可以用硫酸铝溶液给它们浇水；相反，如果你有了蓝色的花，又想要粉红色的，你可以在植株基部周围的土壤里添加石灰（碳酸钙）。石灰的副作用是可能令叶子变黄，不过，这也可以通过使用螯合物化肥（chelated fertiliser）来应对，通常直接施用在受到影响的叶片上。

苹果为什么会一年大丰收，第二年产量却少得可怜？

果树的收成真的有一年丰收、一年歉收的周期吗？如果有，那又是为什么呢？为什么它们不能每年都保持一个稳定持中的产量？这种现象只发生在果树身上，还是在树木中普遍存在？

苹果树有一种习性，就是在当年花开受粉、果实发育的同时，早早地开始酝酿下一年的花芽。这就可能给它们带来一个问题——生产果实需要消耗果树大量的资源，有时可用于孕育下一季花朵的资源所剩无几，于是第二年便开花稀疏，结果少得可怜。这就形成了一个循环：在歉收的年份，生产的苹果很少，意味着苹果树又可以把更多的能量用在花的孕育上，在接下来的一年获得丰收，这一过程会不断重复。

果树产量丰收和歉收间隔出现的现象，的确是一种已知的模式：它被称为"果树大小年"（biennial bearing）。不仅仅是苹果，在其他树木身上这种现象也很常见，多种因素综合引起了丰收/歉收的循环。

即使是管理得最好的苹果树，也会偶尔出现产量过剩的情况，不过，人们也可以充分利用这样的机会制作苹果汁、干苹果片，以及酸辣酱。

让苹果树增产的 3 个办法

春天对新梢细枝进行拉枝。这会让苹果树误以为那些枝条挂着果，能够促进第二年开花结果的花芽的形成。

施肥有度。过剩的营养通常只会产生更多的叶子，而不是更多的果实。

避免修剪。修剪最终可能只是带来了多余的无用的生长（甚至还可能剪掉第二年本会结出苹果的花芽）。

对树而言这又有什么意义呢？

苹果并不是唯一有这种表现的树：其他树木，尤其是水青冈属和桦属的植物，都有大小年交替的倾向。对于这些森林树种，丰产的年份被称为"结实年度"（mast year）。许多鸟兽爱吃水青冈属植物的坚果和桦属植物的橡子，有证据表明，这些树的结实量在丰产的年份非常大，动物们没能吃完的果实将有机会去继续完成"传宗接代"的使命；在歉收的年份，这些动物将会挨饿，其繁殖也会受到负面影响。因此，可以说这些树是在它们的自然生境中建立起了一种平衡。

不过，这可能并不是苹果树大小年交替的原因。毕竟，苹果本来就"希望"它们的果实被吃掉，以便种子被动物们带走，去开辟新的领地。更有可能的原因是，人们以高产为目的对苹果树进行的长期栽培导致树木过度结实，令它们变得有些"精疲力竭"。

Q 竹子开花后就会死掉吗？

竹，有多达一千余种，能够在花园的各个角落蓬勃生长。竹子在花园景观上的惊人表现力，令它们受到许多园丁的喜爱。掌握竹子习性的园丁一旦观察到他们最爱的竹有开花的迹象，就会惊恐不安：坊间有一个说法，开花之后，竹子必定会死去。

尽管开花对于竹子母本植株来说是危险的，但也是极少发生的：竹这个类群开花相当罕见。它们的生长速度几乎比任何其他植物都快，但可能 10 年或 20 年才会开一次花——有些竹林已经生长了一个多世纪，却从未开过花。不过一旦竹子开花结实，它们就"孤注一掷"：竹叶枯萎变黄，植株顶端长出大量高挑的羽毛状的穗，当中满是经由风媒传粉结出的种子。种子的数量为何如此巨大仍不甚清楚，但植物学家有假说认为，通过这种大规模的结实，竹子可以确保在被动物吃掉大量种子和枝芽的同时，仍能有足够的剩余，使一些后代得以生存。在那些将竹子作为农作物大面积种植的国家，竹林中所有的植株都倾向于同时开花。

龙头竹（*Bambusa vulgaris*）是一种广泛用于建筑的热带竹种。据报道，它 80 年才开一次花，产出不能发育的种子。

A 开花对竹子的消耗的确远超大部分其他植物，但关于它"花后必死"的报道却有些夸大其词。开花后的死亡对于竹子而言并非在劫难逃，如果悉心照料，它们依然可能恢复活力。

一种植物在一个世代中仅开花、结实一次旋即枯死的性质，称为一次性结实（monocarpic，指发生于多年生植物的情况，一年生植物则没有这一概念）。许多流行的多肉植物均有这种特性，如莲花掌属（*Aeonium*）和金阳草属（*Aichryson*）植物。

竹子是一类木质化的草。草本植物通常是非木质的，而木本植物是乔木和灌木。把竹子当作一种木本植物来对待，在园艺上是说得通的。

怎样挽救竹子

得力的园艺操作可以让你的竹子转危为安。

· 如果发现任何早期的花芽，应该立即将它们移除——这可能阻止竹子进入完全的开花状态。

· 如果它仍坚持开花，那么直接将整丛竹子截至地面高度，然后给它浇水施肥。

· 第二年春天，给竹子大量施用含氮量高的肥料。

幸运的话，新鲜的、不带花的竹子就会从原先的植株基部长出。

假如所有的招数都不幸失败了，那就干脆收集一些种子来种吧——剪下少量花序，将它们放在纸袋中干燥，然后摇晃纸袋，把其中的种子抖出来。

Q 植物是如何做到五彩缤纷的？

植物"如何"做到五彩缤纷这个问题，与它们"为何"要五彩缤纷同样重要。超过 3/4 的有花植物依赖昆虫和鸟兽传粉，它们的生化特征助力它们将繁殖的机会最大化。对每一朵花来说，色彩都是它"十八般兵器"中很重要的一件。

花的颜色，是由一系列的色素分子决定的，它们可以分成若干不同的类别。红色和蓝色来自花青素，类胡萝卜素提供橙色和黄色，甜菜红色素产生紫色，白色和乳白色源自花黄素。每朵花的色素调和配方，能够达到仅在自然界中才有的微妙差别。还有一些因素也会影响花朵最终的颜色，比如土壤的酸碱度。

A 撇开其他的技能不谈，植物们全都是化学家。它们能够调和多种不同的色素分子，让花朵呈现令人眼花缭乱的色彩，精准地对它们所选择的传粉者表现出最强烈的吸引力。

为悦己者容

美国作家迈克尔·波伦（Michael Pollan）曾提出，一些植物塑造它们的花朵，不仅是为了吸引传粉者，同时也是为了吸引人类。这一仍属猜测性质的想法认为，人们更倾向于爱护与栽培有着美丽花朵的植物，从而总体上增加了这些植物的生存机会。

香豌豆（*Lathyrus odoratus*）是一种原产地中海地区的一年生植物，花原为粉红色。经过 200 多年的选育，现在已有白、粉、蓝、紫和红色花的品种。

为什么花粉会让一些人打喷嚏？

如果你无法控制地打了一连串喷嚏，如何判断这是否与花粉有关呢？事发的时间也许是考虑的因素之一：花粉诱发的喷嚏是季节性的。所以如果是在隆冬时节，花粉大概并不是元凶。不过，如果喷嚏反复发作，而不是零星打上两三个，那就很有可能是花粉在作祟了。如果同时伴有鼻塞和喉咙发痒的症状，那么你可能就是花粉过敏的受害者了——很遗憾，除了打喷嚏，你还有更多的罪要受。

由于潜在的浪费很大，许多风媒传粉的禾草和树木会释放出巨量的花粉。我们周围空气中的大部分潜在刺激性物质都会被鼻腔中的细毛过滤掉，但是，如果这些微粒足够小，就可能被漏过，花粉便是如此。即使你不过敏，细微的粉尘也会让你打喷嚏；如果你有过敏症，那么后果便会更加糟糕。

花粉的硬质外皮（亦即花粉粒外壁）有着复杂精致的结构，每一个物种都独一无二。这些构造可以在扫描电子显微镜下看到。

粉尘入侵

花粉中的某些分子有着特殊的刺激性，会引起一些人的强烈反应，这些分子常出现在一些特定的树木与禾草的花粉中。例如，桦木属树木的花粉就格外具有刺激性，因为它们含有特别强有力的蛋白质分子，具体地说，它有一个听起来人畜无害的专属名字"Bet v I"。Bet v I

在受害者的免疫系统中会激起强烈的反应——通常用来保护人体抵抗感染的免疫系统错误地把花粉当作外来入侵者，并积极动员了起来，造成了非常恼人的后果。

花粉颗粒作为极为细小的粉尘进入你的黏膜，它们自身就能造成刺激。如果你患有过敏症，特定的花粉分子很可能会让事情变得更糟。

有没有花真正是蓝色的？

自然界中真正纯蓝色的花非常罕见。你可能认为见过它们，但当你细看它们的颜色时，通常会发现，你所认为的蓝色实际上更接近于别的颜色。（例如，仔细观察蓝铃花，你会注意到它其实是淡紫色的。）

此前我们说过，植物内在的化学作用决定了花的颜色。尽管并没有一种纯蓝色的色素可供植物利用，它们仍可以通过自身的化学机制在一定程度上解决这一难题。

蓝花矢车菊
（*Centaurea cyanus*）

大约有 10% 的花是蓝色或者说近似于蓝色的。对植物来说，哪怕是开出一朵近似于蓝色的花，也需要付出很大的努力。植物可以用来"制造"蓝色的最接近的色素是花青素，但在自然状态下，这些色素会产生红色。为了呈现出蓝色，植物体内需要有一个碱性的环境。不可思议的是，植物能够自己创造这一环境，将其汁液变为高碱性，从而使花青素在花朵上表现为蓝色，而非 pH[1]更低、更酸的环境下所表现出的红色。

百子莲（*Agapanthus*）的蓝色，是由飞燕草素（delphinidin）和琥珀酸（一种有机酸，又称丁二酸）的复合物产生的。绣球花的蓝色来自飞燕草素与铝的复合物，在缺少铝的情况下呈红色。在土壤中添加硫酸铝可以促进绣球开出蓝色的花，

① pH指氢离子浓度指数，是溶液酸碱程度的衡量标准，通常是介于 0 到 14 之间的数。——编辑注

飞燕草素是一种与蓝色的飞燕草和翠雀有关的蓝紫色色素，它的"蓝色"因植物汁液的 pH 而改变：汁液的碱性越强，花的颜色就越蓝。

难以捉摸的蓝色玫瑰

真正的蓝色玫瑰在自然界中并不存在，但对于许多栽培来说，它是育种界的圣杯。创造一朵蓝色玫瑰的尝试已经持续了几十年，如果育种者们知道是哪些色素和化学作用形成了蓝色，这在理论上应该是可能的。2008 年，一家日本公司大肆宣扬成功研发出了"第一朵蓝玫瑰"，但当这朵花揭开神秘的面纱时，它的颜色实际上更接近于一种略带银灰色的丁香紫。创造蓝色玫瑰的竞赛仍在继续。

这是园丁们的一条日常经验。

花朵的色彩只是植物传粉策略的一部分，此外还有大小、形状和一些只对传粉者可见的属性。蓝色的花特别吸引蜜蜂，不过其他的颜色也一样有吸引力。各方面要素的结合才是关键。

人造蓝

人工制造的蓝色更为复杂。植物育种者们现在所掌握的科技已经精密到可以将分子添加到色素中，从而改变植物的自然颜色。

Q 为什么花朵会在夜间闭合？

并不是所有的花都选择在晚上闭合，而之所以这么做则可能是出于多种多样的原因。闭合的花朵能够保护其脆弱的生殖器官免受诸多的潜在伤害，比如寒冷的空气、露水甚至霜冻。此外，或许它还需要保护花粉和花蜜不被夜行性昆虫带走，因为它们的传粉效率可能不如白天活动的特定传粉昆虫那么高。

糖分开关

就像生物钟会让我们在晚上睡觉，白天清醒一样，植物的生活也是按照昼夜节律来运作的。这些模式似乎是由光明与黑暗触发的，并对植物的某些基因产生影响，这些基因控制着植物体与时间有关的活

A 并不是所有的花都会在夜间闭合，那些夜间闭合的花是为了保护它们的生殖器官免受冻害，并防止不受欢迎的夜行传粉者接触它们的花粉。

动。花朵的开闭时间是相当精确的——也许是演化让花选择在它们偏爱的传粉者最活跃的特定时间段里开放。花朵不仅可以报时，而且还反应迅速：植物可以打开或关闭调控花瓣中的糖分含量的基因。当开关打开时，花瓣的含糖量升高，渗透作用使更多的水分流入花瓣，让花保持开放的状态；但当开关关闭时，含糖量下降，花瓣便因脱水而闭合。

雏菊（*Bellis perennis*）的花昼开夜合，因此得名"日之眼"（day's eye）。

用花报时

如今，大多数"花时钟"都是简单地以时钟形状种植的花坛，至多加入一个带有指针的钟表装置来指示时间。作为正式种植方案的一部分，它在一些度假村颇为流行。

但是在过去，花时钟可能要精致得多——有时甚至达到了近乎巴洛克式的复杂。在 19 世纪，雄心勃勃的园丁们从花朵非常稳定的开闭时间上获得了灵感，开始设计真正用花来报时的时钟。一系列的花被精心挑选出来，它们开闭的时间涵盖了整个昼夜；将它们布置在"钟面"上，让这些花各自开放或闭合的时刻与它们所在的时间位置相匹配。花时钟不可能非常准确——尽管花朵主要由植物自身的生物钟控制，但诸如湿度、温度等外部因素也会影响它们的表现——但观赏起来一定蛮有趣的。有记录可考的高超的设计之一可以追溯至 1822 年，这个花时钟由 24 种花期相同的不同植物组成。

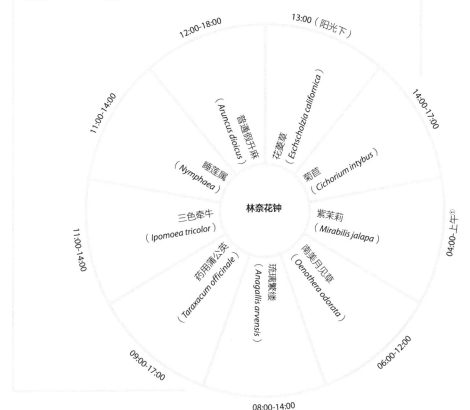

① 这个花钟未将夜晚时间设计在内，其实紫茉莉在下午 4 时即可开放。——译者注

第 3 章

地表之下

Q 蚯蚓是怎么工作的？

蚯蚓这种动物，在花园环境之外还有数千种同类，把它们说成一头是嘴、另一头是——好吧，不用说你也能猜到是什么——的一根管子，貌似有点儿不敬，但这其实就是它们的本质。花园中有两种蚯蚓尤其常见：普通蚯蚓（earthworms，陆正蚓）和红蚯蚓（brandlings，赤子爱胜蚓），两者分别多见于泥土中和堆肥里。

蚯蚓的身体分成了许多节，它们用嘴摄入树叶等有机物，在贯穿身体的"肠子"中消化食物。

和所有其他动物一样，蚯蚓也必须呼吸，它们的呼吸通过皮肤来进行（所以必须始终保持湿润）。蚯蚓拥有一套含有血液的循环系统，并辅以推动体液在全身流动的另一个系统作为补充。它们有一个中枢神经系统，控制每段体节中的肌肉，每段体节都长有用来拨动泥土的刚毛，并能分泌黏液帮助它们钻洞。虽然蚯蚓没有像样的大脑，但这并不意味着它们很简单。在土壤中它们非常灵活，不仅能挖掘穴道，搜寻和处理食物，而且还能迅速摆脱捕食者。

园丁之友

自达尔文以来，科学家们已经证实了蚯蚓在土壤中的重要性，并证明了用堆肥和粪肥来滋养土壤这一重要园艺实践的益处之一，就是对蚯蚓数量的促进作用，滋生的蚯蚓钻掘的穴道使土壤松软。即使是少量的有机物也能不成比例地增加蚯蚓的数量——这一特性现在已被广泛地应用于免耕园艺和免耕农业（也叫不整地栽培）。

A 蚯蚓差不多就是一根从一端摄入有机物、消化后从另一端排出具有肥力的物质的管子。它们通过皮肤进行呼吸。

▶ 围肛部是蚯蚓体节的最后一段，包括了肛门；环带是生殖系统的一部分，用于产卵；体节上长有鬃毛似的刚毛，在运动中用来锚固身体；口前叶是一片肉质的结构，用作感觉器官，并在休息时封住口部。

关于蚯蚓的其他一些事实

- 蚯蚓是雌雄同体的动物，即同时拥有雄性和雌性生殖器官，但有些蚯蚓需要与另一条蚯蚓交配才能成功繁殖。交配通过并排接合彼此的虫体并交换卵和精子来完成。

- 在合适的条件下，蚯蚓能够大量繁殖。研究表明，在 1 平方米的土地下可能有多达 432 条蚯蚓，涵盖了 7 个主要的种类。

- 大部分蚯蚓每天会吃下相当于自身体重 50%~100% 的物质，因不同种类而异。

- 很遗憾，对于被切成两段的蚯蚓是否能够重生为两条蚯蚓这一关键问题，仍然只有部分答案。答案可能是"有时候可以""仅限于某些种类"或者"绝对不会"——取决于你问的是哪位科学家。

- 蚯蚓没有真正的大脑，而是依赖于一簇被称为神经节的神经元细胞，它们对热、光、湿度、触碰和振动等通过其腹神经索接收到的外界刺激有非常迅速的反应。

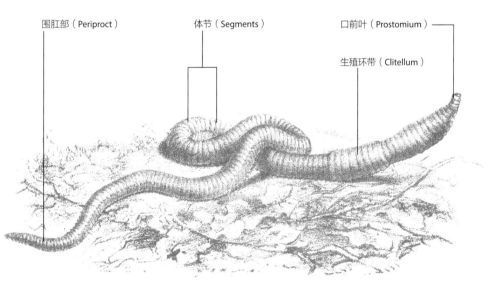

围肛部（Periproct）　　　　　　体节（Segments）　　　　　　口前叶（Prostomium）

生殖环带（Clitellum）

植物的根往哪儿长？

根，对于园丁来说，仍是一个谜：它们有多少？延伸得有多广？扎得有多深？这样的无知并不奇怪，因为在土壤中生长的根埋在一个厚重、致密、潮湿、不透光的环境中，而移去土壤来观察根系，又会立刻损害较粗的根以外的部分。因此，尽管它们对植物的生长和健康至关重要，人们对根却依然知之甚少。园丁们采取"眼不见，心不烦"的态度也无可厚非。

一株植物的基本工作，就是进行光合作用和繁殖，这是在地面上进行的。但最低限度地保留根系，用以锚固植物自身、获取水分和矿物质、应对恶劣天气或意外带来的伤害，也是理所当然。根也是有生命的，需要获得来自叶子的稳定糖类供给。事实上，根的范围和特点恰同枝与叶一样，都很好地适应了植物的生长环境。

"一株植物或一棵树的根部是其地上形状的'镜像'"这个旧观念是错误的。事实上，根的大小和形状因不同的植物而异。有些草的根又长又深，而灌木和乔木则往往有着浅而铺张的根。

冰山一角

小型的一年生植物可能会被认为根系也较小，而通常的情况是这样的：诸如豌豆、洋葱和马铃薯等植物，根系确实非常有限。但其他一些小型植物的根可以扎得非常深（土壤条件允许的话）。芜菁的根可以超过 80 厘米，黑麦草的根可达 15 厘米，小麦的根可达 12 厘米。中等大小的多年生植物需要并且通常拥有中等尺寸的根系，例如灌木的根系延展范围与其树冠相近。

与乔木不同，灌木经常被修剪，根冠平衡会被破坏。

修剪得很好的树篱，无论多高，主根部分都很少有延伸到基部范围以外超过 1 米的。如果不修剪树篱的地上部分，它的根系体积就会比较可观。

"根"本问题

众所周知，乔木巨大、广阔的根系能够从土壤中吸走大量水分，由此导致的土壤收缩会对建筑、围墙和管道造成代价高昂的破坏。树根会向着有水、空气和土壤不太硬的地方延伸。渗漏的浅层排水管道装着易于获取的水和空气，就像是吸引树根的磁石。

与流行的观点相左，树根并不是树冠的镜像，而是主要分布在距地表 1 米以内的最上层的土壤中，那里有最丰富的养分和空气。树根的这种平板式的结构可以很容易地延伸到远远超过树木高度的地方。一些入侵物种，特别是杨属和柳属的乔木，它们的树根能够伸展很远，这个距离可以是树高的 3 倍。

话虽如此，在土层足够深、根的生长未受坚硬的、酸性或渍水的土壤限制的地方，有些根也会为了寻找水分而扎向深处。

错误

正确

为什么雨水会让土壤酸化？

大气中自然存在的二氧化碳，会让雨水的pH从中性的7降低到酸性水平，通常在5.5左右。污染会令雨水进一步酸化——人类制造的二氧化碳和其他污染物，如二氧化硫和氮氧化物等可能会融入雨水——最终造成的现象，就是所谓的"酸雨"。

对抗酸化

当土壤中含有石灰岩或白垩颗粒时，其天然碳酸钙水平——也就是碱性程度极高，酸雨会被中和。富含粘土的土壤也有一定的碱性，可以缓和酸雨带来的直接影响。但是，雨水对沙质的土壤影响迅速，很快就会令其酸化。

高酸性土壤不利于种植——无论是耕地还是花园，需要定期使用石灰来保持土壤肥沃。粪肥和堆肥也是高碱性的，它们可以对抗酸性的影响。

在土地不用于种植粮食的地方，例如在潮湿山地以及土壤非常沙质化的地区，适宜让土地保持酸性，因为中和土壤需要使用太多的石灰——这么做的代价太大。

尽管酸性土壤仍然是一个问题，但在过去数十年里，一些人为的污染已经减少了。在其他能源已经取代煤炭作为燃料的地区，酸性很强的硫造成的污染已经大大减少，以至于本身需要有一些硫的土壤已经变得缺乏。土壤管理其实是一个保持平衡的问题，通过添加或减少元素尽可能地使土壤保持肥沃。

降雨是局地性的，对地面的影响很大程度上取决于降雨地区的土壤类型。如果土壤是碱性的，就能够中和雨水的酸性；如果土壤已经有了变酸的趋势，那么土壤酸化只是个时间问题。

答案真的在土壤里吗？

20世纪50年代，一档颇受欢迎的英国喜剧广播节目的主角是一位精明的，说话带着当地口音的萨默塞特郡（Somerset）老农，对于任何事情或者任何问题，他的精辟回答都是"答案就在土壤里"。他代表的是那些相信只要照顾好土地就万事大吉的传统主义者——但他是对的吗？

土壤是植物的保姆

在许多方面，土壤对于植物都至关重要。植物生长依赖于充足的水分供应，而土壤能够在雨季储存大量的水分，在干旱的月份维持作物的生长。土壤也有助于保持植物所需的温度：春天它会升温，促进根系的生长，夏季又能让根部躲避酷暑。在寒冷地区，土壤甚至能保护植物免受冬季霜冻的伤害。

是的，他没有说错。土壤的生产力对人类的食物供给有决定性的影响，无论是种植在土壤中的植物，还是以植物为食的其他生物。尽管投入了相当多的精力和创造力，到目前为止，还没有发现或发明一种能够替代土壤的可行的种植介质。

土壤里的"英雄"

土壤本身就起着关键作用，但它同时也是许多"环境英雄"的家园，这些"英雄"包括微生物（土壤得名"穷人的雨林"便是因为土壤中微生物的多样性）、令土壤疏松肥沃的蚯蚓，以及高明的"生物化学家"——真菌，它们能将未腐烂的有机物转化成植物的养料和腐殖质。

死去的树能站立多久？

一棵死去后仍然站立着的树，在任何时候都有可能倒下，特别是如果根系疾病已令它的根部腐烂，整棵树就会头重脚轻。不过，死于其他原因的树木有些可以挺立长达 100 年之久。在城市地区和有人管理的土地上，出于安全考虑，死树通常会被移除。但因死树也支持着很多野生动植物的生存，所以通过削减高度和冠幅来管理它们也不失为一个好方案。

桦木或云杉之类的树不太耐久，会很快腐烂，死去后只能站立一两年。松树、橡树等适应性更强、材质明显更坚硬或有树脂的树种，可以保持挺立 10 年。潮湿、温和气候条件下的树会比干燥、寒冷环境中的树更早倒下。如果树被蜜环菌杀死，树根会快速朽烂，树可能在显出病态迹象之后不久就会倒下。

根据气候、树根状况以及树干材质的不同，一棵已死去的树或者"枯木"屹立不倒的时间，或短至两年，或可长至数十年。

放倒还是不放倒

园丁们有时不甘心失去树木曾给花园带来的高度、荫蔽和隐私感，所以，当树死去后，他们可能会选择用忍冬、铁线莲或藤本月季重新装点起光秃秃的枯枝。虽然这看起来可能挺美的，但却增加了"风帆"的面积，装扮后的枯树比仅有死去的秃枝的枯树更易招风，也更容易被风吹倒。

并不是每棵死去的树最终都是被风吹倒的：由于檐状菌（bracket fungi）和其他一些真菌会令树干腐烂，使树变得脆弱，许多死树会在地面以上的某处自行断裂。削减树的高度和树杈的面积可以减少这种风险。

在树木倾倒不易造成伤害的地方——比如旷野或林地——人们常常任其自然发展，因为朽木支持着许多野生动植物的生存。当它们最终倒下时，残存的根会带出大量的泥土，留下一个坑。一旦死去的树倒在潮湿的土地上，树枝和树干腐烂的速度就会比站立时快得多。不过，留下的坑却会留存许多年，所以坑坑洼洼的地表成了原始森林的一个典型特征。

离不开死树的 5 种生物

欧洲深山锹形虫（*Lucanus cervus*）。一种非常大的甲虫，在夜间飞行，鹿角状的发达上颚是其突出特征。它们肥嘟嘟的幼虫以腐烂的木头为食。

冠山雀（*Lophophanes cristatus*）。这种鸟会在朽烂的树桩上找洞筑巢。在英国，它们的活动区域仅限于苏格兰的古老松林。

欧洲深山锹形虫
（*Lucanus cervus*）

山蝠（*Nyctalus noctula*）。这种蝙蝠白天在枯树上栖息，晚上"出门"捕猎。

鼠妇（*Porcellio scaber*）。它们以朽木为食，但必须在潮湿条件下生活，因为它们是一种甲壳动物（和螃蟹、龙虾一样）。园丁们会担心它们是害虫，但它们通常不具威胁。

硫磺菌（*Laetiporus sulphureus*）。一种明黄色的可食用真菌，依傍枯木营生。

鼠妇（*Porcellio scaber*）

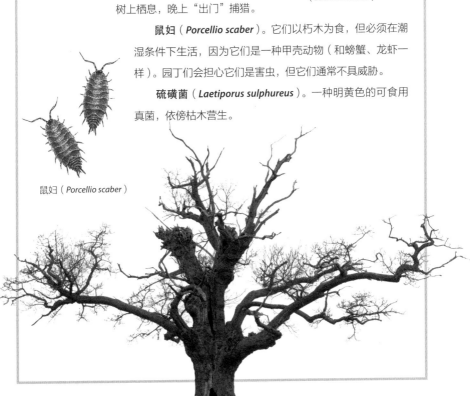

为什么毒蘑菇常长在树下？

一棵树的基部周围长着一些毒蘑菇的景象，带有一种朦胧的梦幻感，容易让人想起童话中经常描绘的画面，但这其实并不是一种巧合。毒蘑菇与树木以一种共生关系生长在一起是相当常见的，而蘑菇只是一个可见的证据，证明着地下那些看不见却正在发生的事情。

与菌相依

树木和真菌成为朋友，好处多多。树用叶子光合作用生产的糖交换真菌收集的矿物质和水。真菌与树根形成的菌根的丝状体层，能够在地下扩张到极广的范围，菌丝是一种极细的丝，比树根细得多、多得多，能为吸收矿物质提供更大的面积。树木所需的大量重要矿物质，如磷，会从菌丝传递到树根。

这种共生关系并不只是有用，在土壤贫瘠的地方也是生死攸关的。一棵生长在花园或公园中的树，在人们的精心管理下，或许可以全凭自己从肥沃的土壤中吸收到足够的养分。但在一个更具竞争性的环境中，树木却需要由真菌提供更大的地下领域来借力求存。

可别以为树下的每一种真菌都是"温良仁慈"的：蜂蜜色蘑菇的出现可能是蜜环菌已在地下作乱的危险信号，它们侵袭树根，并以树根为食，却不回馈分毫。它们是园林树木最常见的杀手，对森林、种植园和果园也会造成破坏。

许多真菌与树木的根系形成了密切的互利共生关系。秋天，地下的菌根通过在地面上长出蘑菇来进行繁殖，蘑菇会释放孢子，并传播到很远的地方。

5 种与树为伴的真菌

让我们来了解一下三种美味的蘑菇，以及两种果断别碰的毒蘑菇：

黑夏松露（*Tuber aestivum*）

· **黑夏松露。**与栎属（橡树）、榛属树木有共生关系，是一种昂贵的美味，在英国有时能找到野生的。

· **鸡油菌。**喜欢与阔叶树共生，是一种橙色的、略似漏斗形状的真菌，味道可口，并带有花的芬芳。

鸡油菌（*Cantharellus cibarius*）

· **美味牛肝菌。**与橡树共生，菌盖褐色、圆形，口感肥厚似肉，炖煮味道好。

美味牛肝菌
（*Boletus edulis*）

· **毒蝇鹅膏菌。**偏爱桦木属，红色的菌盖上带有白点，恰似童话中的毒蘑菇。剧毒，有致幻性。

· **沙地孔菌。**雪松属和红豆杉属树木的天然伙伴，一种较大的杯状真菌，成熟时会开裂成星形，有毒，勿食。

毒蝇鹅膏菌（毒蝇伞）
（*Amanita muscaria*）

沙地孔菌（Cedar cup，地孔菌属）
（*Geopora sumneriana*）

根部占一棵植物多大比重？

关于植物，有一个公认的算式称为"根冠比"（root-shoot ratio），它计算的是植物地下部分的重量与其茎或主干、枝和叶的总重量之间的比值——根据植物类型的不同，这个比值的变化范围很大。

根与冠

你可能会认为一棵大树会需要一个庞大的根系，在一定程度上这是对的——如果它的根太弱小，就很容易倒下。然而，作为整棵树的一部分，根的重量占比很小——树的上部，也就是"冠"的部分，重量是根部的 5 倍。树木需要阳光，

尤其是在树林或森林中，它必须与它的邻居们竞争阳光，因此，将资源投向树干和树枝的生长是值得的。

而禾草则将大部分的资源都保留在它们的根部——草的重量有 4/5 位于地下。为什么呢？因为大部分种类的草已经演化出了对食草动物啃食的适应性，与树木不同，它们需要把资源用于不断的更新和再生。它们无须竞争阳光，但需要在地下更有竞争力，去获取水和养分。

◁ 如图，以松果菊（*Echinacea purpurea*）为例，在条件良好的情况下，幼苗的根冠比是平衡的，但假如土壤贫瘠，根部就可能缩小。

树木根部的重量在整个植株总重量中的占比，相对于草来说要小得多。也许这个结论会令人吃惊，要想理解这一点，你得从投资的角度去思考：每一种植物都会将资源投向那些最有可能支持其长期生存的部分。

有必要去除土壤中的石头吗？

　　传统的园艺知识主张，如果你打算在某片土地上栽种植物，就应当一丝不苟地移除所有的大石块。是否需要严格遵循这条教诲，其实取决于你准备种植什么植物，以及你是喜欢看起来平整无瑕的土地，还是对粗犷但适用的土壤状态感到满意。

　　一种植物对石头的挑剔程度，往往由它们的自然生境决定。例如，山麓岩屑堆或流石滩本来就是一些高山植物的天然家园。但是，如果你期望一些需要充足水分和养料的一年生植物，或柔弱的多年生植物丰花丰产，就得努力劳动，尽量移除它们根域范围（土壤表层 30 厘米）中的石头。

在何时去除石头，又在何时保留它们

去除石头

- **草坪。**在播种之前去掉所有的石头，仔细整平地面。否则，你的草坪不仅会高低不平，而且冒出的石头还会弄坏割草机。

- **高设花坛（花台）。**关键恰恰就在于要用最好的土壤来装填，请精心施工。

保留石头

- **铺设草皮。**采用预制现成草皮而非由播种开始种植的草坪，铺设前只需要做些粗略的去石工作就行了。

- **种植较大型的灌木。**不必多虑，它们自己能够对付石头。

　　多数乔木都能容忍石头的存在，总体来说，灌木则是植物家族中最坚韧的成员，许多灌木能够在最荒凉的土地上维持生存。不过，如果你想要的是一个菜园或花园，在种植之前做些除石工作还是值得的。

暴风雨中站在一棵树下，能感觉到它的根在动吗？

先说最重要的事情吧：永远不要在暴风雨中站在树下。且不说树枝掉落（或者在极端情况下，整棵树倾倒）的危险，一棵高大的树往往是附近最高的物体，因此会成为雷击的重点目标。如果你运气不佳，闪电会"发现"你出众的导电性，放过树而劈向你。

一棵树的整个根盘在地下延伸的面积可达到树高的 1.5 倍，为它提供了一个吸收强风作用力的宽阔底盘。树叶、树枝和树干的晃动对树基部施加的杠杆作用被根盘抵消，扭曲蜿蜒的根系能锁定大量的土壤，并会缠绕在岩石上以获得稳固的支持。

让我们把这个问题仅仅当作一个假想的情形吧。是的，如果你站在一棵大树下面，而此时狂风大作，你可能会感觉到土地在你脚下移动，因为摇摆中的树将树干上承受的应力[1]转移到了根部。

并不绝对可靠

尽管拥有如此强大的根基，树木仍有可能在强风中倒下。就树木而言，比拦腰折断更常见的情况是被连根拔起——树在倒下时将整个根盘带出地面。在飓风"桑迪"（Hurricane Sandy）——2012 年北美飓风季节中最著名的（或者说是最糟糕的）破坏性风暴——肆虐期间，光是在纽约市，就记录到近 8500 棵

---

① 物体由于外因而变形时，在物体内各部分之间产生相互作用的内力，单位面积上的内力称为应力。——编辑注

树木为何倾倒

　　树木连根拔起的最常见原因是风倒（windthrow）。这种现象指的是当树的主干对根盘所施加的撬动力过大时，树就会倾倒，并将整个根盘都掀出土壤。大体而言，最高的树也最容易受到风的影响，而在有建筑的区域，树木可能还会因为根部受到建筑物地基和其他设施的阻碍，未能伸展到自然状态下本应达到的范围，而遭受风倒的危害。另一个因素是土壤的湿润程度——在足够潮湿的土地上种植的树木无须努力求取水分，于是它们的根往往比生长在干旱条件下的树扎得更浅。

　　暴风也很善于发现树木未曾显露过的病腐部位。木头的腐烂会削弱一棵树的结构，造成受力不均，在强风中这些弱点便暴露出来。虽然它们可能不会使整棵树倾倒，但强大的应力可能会将树枝从主干上撕扯下来。

树被连根拔起。而造成这样的破坏，并不总是需要达到飓风的级别。

◁ 树木连根拔起就好比关节脱臼，根系团（root ball）从容纳它的凹窝中转动脱出。树冠就像招风的船帆，对受限的根系团施加撬动的力量。

一棵树能吸干整个游泳池的水吗？

通常来说，树木是"喝"不到游泳池里的水的。泳池由混凝土或玻璃纤维砌成，池中的水对干渴的树来说通常无法企及，即使有一些漏缝，一般也不会大到足以让树喝个够的程度。但是，假设一棵树可以毫无阻碍地吸取一个游泳池中的水，能把它喝干吗？

树木对水分的吸收并非真正意义上的"喝水"——蒸腾作用意味着树会将其吸收的大约 90% 的水直接排回到大气中，只将剩下的 10% 留在体内，用来维持生命系统的运转和促进生长。假如游泳池漏水，那么水就会吸引树的根系，但由于根还需要氧气，它们并不会直接长进泳池的漏缝里面。靠近水面的裂隙可能会构成更大的风险，因为在那里，树根可以同时接触到水和空气。自然形成的池塘没有内衬坚固的池壁，常会有大量的树根探入水体。

不受待见的饮品

就树木对水的喜好而言，含氯的泳池水绝非理想的选择。氯有很强的毒性，泳池水仅仅 0.5 ppm（百万分之 0.5）的氯浓度便会对树木造成伤害。在生长旺期，氯对树木的伤害还会更大，而且有些树对氯的毒害尤其敏感——槭属（枫树）、七叶树属、桦属的树木对氯的耐受度都非常低。

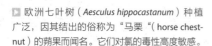 欧洲七叶树（*Aesculus hippocastanum*）种植广泛，因其结出的俗称为"马栗"（horse chestnut）的蒴果而闻名。它们对氯的毒性高度敏感。

6 类喜湿的树与 6 类喜旱的树

喜湿的树

榆属（*Ulmus*）

桉属（*Eucalyptus*）

山楂属（*Crataegus*）

栎属（*Quercus*）

杨属（*Populus*）

柳属（*Salix*）

玉兰（白玉兰）
（*Magnolia denudata*）

喜旱的树

桦木属（*Betula*）

接骨木属（*Sambucus*）

榛属（*Corylus*）

冬青属（*Ilex*）

毒豆属（*Laburnum*）

木兰属（*Magnolia*）

蓝桉
（*Eucalyptus globulus*）

对泳池的防护

一般来说，树根不会对游泳池造成任何伤害。但是，如果让相对脆弱的塑料泳池内衬，与相当锋利且颇具侵略性的竹子的根靠得太近，泳池就有可能遭到破坏。在实际操作中，泳池的主人最好将一道坚固的塑料屏障埋入地下至少 1 米深的地方，并在其上方的两侧留出几厘米的距离，这样就能够达到隔挡竹子、保护游泳池的目的。

有记录显示，一些大树能在一天之内从土壤中抽取多达 450 升的水。因此，从一棵树可能消耗的水量上看，答案是肯定的。但考虑到氯对很多树来说都是剧毒的，吸干一个游泳池的水对它们并没有任何好处。

Q 为什么地下的石块会在雨后跑到地面上来？

春天的时候，没有经验的园丁有时会沮丧地发现他们刚翻过的土地在几场雨之后就布满了石头。不仅如此，即使清除了这些讨厌的"收获"，第二年又会出现许多石头。为什么会这样——而且有时这种情况还会一再地发生？

例行公事

石头不仅会在雨后冒出来，当你第二年再次翻地的时候，这个过程还会重演。有经验的园丁和园地租种者会把第一场春雨之后耙掉地里的石头视为每年的例行工作。

在历史上，这些闹心的石头还是有用的。作为一种容易收集的资源，它们常常被用到建筑工程上。例如，在不列颠北部，冒出地面的扁平石头被用来搭建干砌石墙，成就了当地的一种特色景观。

A 石头在土壤中一般是均匀分布的，但每年一次的翻地重新分配了它们的位置，令更多的石头靠近地表。当栽培土壤在雨后沉淀下去，这些石头就更容易露出头来。

这并不算太糟

当你从地里费力耙出石头时，不妨安慰一下自己：这还不算是最糟糕的。在非常寒冷的气候中，连土壤也会年年冻结，土壤中的水分结冰后会膨胀，石头被从下往上抬升，结果就是每年春天首次解冻后，你会收获一大堆石头。

◀ 即使园丁们定期翻耙土地，石头还是会源源不断地从地下冒出来。

树着火的时候，它的根也会燃烧吗？

在英国北方凉爽的气候条件下，森林或丛林大火不是个大问题：因为很少发生火灾，就算发生，通常也不会波及大片的土地。但在世界上某些地方，比如加利福尼亚或澳大利亚的部分地区，火灾却可能造成巨大的危害，而地下火在这中间扮演着至关重要的角色。

在英国，大部分树木的根部都被非常潮湿的土壤严密隔绝，即使树在地上着了火，它们的根部也安然无恙。

但是，在炎热干燥的气候条件下，树根确实有可能着火。通常是地表的一层枯枝落叶被营火或闪电点燃。燃烧的枯枝落叶层引燃干燥的浅层树根，在适当的条件下，火焰能够在地下传播，有时可以蔓延到很远的地方，默默燃烧数天、数周甚至好几个月。有时候，这些地下火是通过散发到地面上的烟味儿才被人们发现的。最终，潜伏的火会冒出地面，将乔木和灌木点燃，或许还会引发一场全面的丛林大火。在这类火灾频发的地区，消防员们都知道必须对容易着火的地带进行挖掘清理，以根除地下的火苗。

安全灭火

每个童子军少年都曾学习过如何安全地扑灭营火。

也许现在这已是人们不太熟悉的知识，但请记住这些要点：

· 用水将室外的火浇灭。

· 绝不能用土埋的方式去灭火——火能在地下蔓延。

· 清理余烬，确保它们已经冷却——千万不要在尚有余温时一走了之。

植物的根系能造成多大的破坏？

植物的根系会破坏建筑物的基础，这种观点流传已久，尤其对于树根究竟有多大的破坏力，房主们往往存有一种夸张的看法。但实际上，根受到了相当多的限制，其生长既需要空气又需要湿度（地下的空气可能比你想象的要多），并且通常会选择绕开而不是穿过障碍物。尽管由根引发的问题确实存在，但造成的任何损害几乎都是间接的。

如果房屋的基础未被置于非常坚固深厚的地基与夯实得当的土壤上，地面就会发生沉降。树根是机会主义者，它们会设法进入任何可以利用的空间，但前提是空间必须已经存在。特定类型的土壤，尤其是黏土比重较高的土壤，在干燥和潮湿的天气下会分别发生显著的收缩和膨胀，而树木会在土壤膨胀时从中抽取水分，从而加剧这种自然倾向，导致此后土壤的严重收缩。渐渐地，当土壤接收到的水分即使

其实，列举植物的根所不能造成的破坏反倒更加容易。根并不会破坏排水管、铺砌的路面、墙壁或房屋的基础。当根的确造成了破坏，破坏通常也并不是直接由根引起的，而是源自由根引发的地面沉降。

在潮湿的天气里也不及被根吸走的水分时，土地就会发生下陷——因此，是地面沉降造成了房屋结构的损坏。

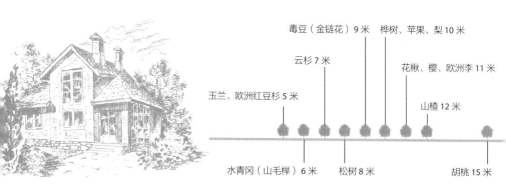

玉兰、欧洲红豆杉 5 米
水青冈（山毛榉）6 米
云杉 7 米
松树 8 米
毒豆（金链花）9 米
桦树、苹果、梨 10 米
花楸、樱、欧洲李 11 米
山楂 12 米
胡桃 15 米

树应该种多深

　　应该把树种多深？传统的观点认为把树栽得深一些（使根系团"土球"的顶端低于地面一定的距离）可以让树更容易吸收水分，但较真的园丁们对此争论不休。早在 1618 年，畅销书《乡村家庭主妇的花园》(*Country Housewife's Garden*) 的作者、牧师园丁威廉·劳森 (William Lawson) 就已极力主张浅栽，他认为栽得过深对树木并没有好处。今天的科学研究支持了他的观点——以刚好"封顶"的深度来栽种，树木的表现往往更好，也就是说，让根系团的顶端恰好与地表水平面相齐平。树根既需要水，也需要空气，如果把一棵树种得太深，它的根系会向上生长。这是由于空气和水的完美结合带更接近地表，被埋得过深的根系会挣扎着去获取空气，形成一种围绕彼此生长的倾向，而不是自然地分散铺展，形成一个有利于汲取养分的宽阔健康的根盘。所以，浅栽对树木的健康有益。

栽下后的理想土壤平面

待栽种的小树

▽ 尽管风险并不是太高，但栽种的树木与房屋外墙保持一段合理的距离也是一种明智的预防措施。由于不同树种的根所延伸的距离不同，因此推荐的种植距离差别也很大。

柏树、枫树、梣树 20 米

欧洲七叶树 23 米　　　　榆树、橡树 30 米　　　杨树 35 米　　　　柳树 40 米

树桩能留存多久？

　　有树木生长的地方迟早都会出现树桩。树木可能因为疾病而死亡，或者被人砍伐用作木材，或是所处的空间已容不下它们巨大的身躯。一旦树被砍倒，就会留下树桩。那么，如果树木没有被连根掘掉，树桩能在原地留存多久呢？

　　一些因素可能会阻止树桩腐烂，例如有时树桩的根可能已经在地下被嫁接到另一棵活树的根上，这种情况下，树桩不但不会腐烂，反而会继续吸收养料。有些种类的树，比如松属的一些松树，会以这种方式被附近的树"喂养"，它们的树桩虽然不会再生出一棵新树，但每年却仍然会继续长出年轮，恰似活树一样。而其他一些种类的树，比如柳树，砍伐并不会杀死它们，树桩上很快就会长出新枝。

　　对园丁们来说，树桩可能是个麻烦，要花不少钱才能用机械手段将它们根除。如果你希望加速树桩自然腐烂的过程，最有效的方法是使用电锯或用锤子打入楔子的方式将树桩破坏或劈开，扩大易受感染部位的面积，利用真菌和其他促进腐烂的微生物使树桩腐烂得更快。

　　事实证明，树木被砍伐后留下的树桩有时可能相当地顽强，即使它们通常处在一个非常有利于腐烂的环境下——潮湿的土壤为真菌、昆虫和微生物提供了充分的生存机会，这些生物都能够促进腐烂。

营造枯木园

维多利亚时代的园丁们喜欢为花园营造主题，他们经常选择的热门主题之一，就是颇具观赏性的枯木园（stumpery）。枯木园是一小片包含树桩的区域，树桩周边可以种植蕨类植物和其他一些林地植被；即使树桩开始腐烂，也会有有趣的真菌和苔藓出现在它们周围。

最初，枯木园似乎起源于树木被砍伐后留下树桩的地方，但随着它们越来越受欢迎，热爱枯木园的园丁们会从别处引进原木和树桩，以在自己的花园中实现想要达到的效果。如果你也想在自己的花园里试一试，无论你是利用自家现成存在的树桩，还是购买，不妨试试在树桩表面刷一遍天然的纯酸奶——这样可以促使苔藓和地衣更快地在上面生长。

腐朽时间表

树桩多久会腐烂，也取决于树木本身的种类——因木材密度与抗腐烂程度的差别，不同的树种之间有着巨大的差异。

以下是 6 个常见属的树木在树桩完全腐烂之前，所能期待的留存时间：

桦木属 40~45 年

云杉属 55~60 年

松属 60~65 年

梣属 75 年

李属 75 年

栎属 100 年以上

如果一个岩石花园还不够吸引人，那就考虑一下枯木园吧。原则是一样的：为精致柔美的植物们提供一个排水良好的生长环境。林地植物，尤其是蕨类植物，是枯木园中很受欢迎的植物种类。

一年生植物在冬天枯死后，它们的根也会死掉吗？

一年生植物通常是花园中耀眼但短暂的明星——它们长大、结籽、死去，全都在一个生长季节中完成。另一方面，多年生植物也会枯萎凋零，但在第二年又会重新出现，进行再一次的生命轮回。然而，地下的情况又是怎样的呢？包括根部在内，一年生植物会完全凋亡消失吗？

多年生与一年生

与一年生植物不同，多年生草本植物可以存活数年。不过，越冬时的它们并不总是保留全部根系：与树木不同，它们不需要由根来支撑。因此在休眠时，多年生植物通常会让一部分根枯萎，保留的另一部分足够在春回大地时为新一轮生长提供营养。

草莓，是典型多年生植物生长周期的一个很好的范例。在晚冬和早春，这种植物会将大量资源用于

一年生植物枯死时，它们确实是死了——整个植株都死了。在地下，它们的根会在冬天腐烂，在接下来的一年里成为其他植物的养分；根消失后在土壤中留下的空隙则有利于土壤的透气和排水。

根系的生长；但到了暮春时节，重心就会开始转移，更多的能量被投入到开花和结果上，部分根系则逐渐枯萎。

结完果实之后，在夏天剩余的时间里，草莓的叶子又成为植株的主角，根部则继续枯萎，直至秋天，只有宿根留存。虽然此时的根部只占整个植株的一小部分，但它们将在冬季重新开始生长，为春天到来时的爆发做好准备。

野草莓
（*Fragaria vesca*）

什么是地下水位？

当雨水从天而降时，我们所说的"水循环"就开始了。雨水流进排水管或沟渠，又汇入小溪与河流。一些雨水通过诸如白垩或砂岩这样的多孔岩石被吸收、渗透到叫作含水层（aquifer）的水饱和地层中，转而又注入泉水，汇成溪流。江河奔流入海，海洋中的一部分水蒸发，形成云，云再化作雨落下，完成这个循环。

地下的潮涨潮落

可以料想，地下水的水位在冬季上升，在夏季下降。它对暴雨的反应速度非常快，长时间的暴雨有时意味着地下水位迅速上升，并足以引起水灾。地下水位在满水的沟渠以及河流附近最接近地面，但在远离河流的白垩或砂质土壤中，水达到饱和的地方则要深得多。你可能会把地下水位想象成平坦的，但实际上，水位会随着岩层的起伏基本上与地表平行，并且水是流动的——非常缓慢地向下流动，穿过多孔的岩层。

水井可以把水从地下水中提取出来，在水位高的地方，水井可以挖得很浅。但是，要想从更深的含水层取水，就需要钻很深的井，这意味着穿透浅表易变的潜水层，从一个更稳定的水源取水。

在地下有一个充满雨水的区域，地下水位（潜水面）便是含水达到饱和的地下平面。地下水位与地面的距离因地点和季节不同而有相当大的差异。

当两棵植物的根系在地下遭遇时，它们是互助还是互相妨害？

地下的世界有时候可能会非常拥挤，在各自全力拓展地下空间的情况下，一棵植物的根系与另一棵（或好几棵）植物的根系遭遇，将是不可避免的。狭路相逢，它们彼此之间会有所助益吗？它们会为了争夺生存空间而战，还是擦肩而过，形同陌路？

相见恨晚

在地面上，两棵植物的各部分很少会有足够紧密的长时间接触来实现嫁接。园丁们有时会诱导它们发生嫁接——这种手段叫作"靠接"——将两根枝条绑在一起，这样的情况并不会自然地发生。不过在地下，则又是另一回事了。

根生长在土壤这种比较致密、移动非常缓慢的介质中，当根与根相遇时，可能被周围的泥土压在一起。根之间的嫁接并不仅仅是贴得很近，而是两条根实实在在地合为一体。当树木的根系相互接合时，它们就能彼此共享水和养料。不幸的是，一些疾病也会通过嫁接了的根系传染——除了树皮甲虫，人们认为荷兰榆树病的另一个传播途径可能就是树与树之间交织的根系。如果存在共享的根系，在一棵树或树桩上施用的除草剂，也可以传播到另一棵树上。

不同物种的植物，根系之间偶尔也会发生自然的嫁接，但这种情况比较罕见。更常见的是根与根的嫁接将两棵同物种的植物联合起来，使得一棵强壮的树能够帮助到它相对弱小的邻居，而交织的树根也封住了竞争物种的潜在生存空间。

不同物种植物的根系之间通常是竞争关系。但根与根的自然嫁接（来自两棵植物的两条根合二为一）在同一物种的植物之间则是比较常见的。

植物战争

　　一些植物的根在地下"凶相毕露"——为了击退竞争敌手，它们发展出了自己的"化学武器"。

　　黑胡桃的根能够分泌一种被称为胡桃醌（juglone）的强力毒素，可以抑制包括苹果、番茄在内的其他植物的呼吸作用。这种毒素会影响到黑胡桃整个根系铺展范围内的植物，而范围之广可达树高的 3 倍。

　　人们认为臭椿的根会散发出一种叫作臭椿酮（ailanthone）的分子，对其他植物是有毒的。这令臭椿在许多地区成为一种危害严重的入侵植物。

　　松红梅这种灌木会分泌一种化学抑制剂——一种名为纤精酮（leptospermone）的分子，实际上，这种物质已经可以人工合成，并作为商品化的除草剂出售。

黑胡桃（*Juglans nigra*）

臭椿（*Ailanthus altissima*）

松红梅（*Leptospermum scoparium*）

表土与底土，何处分界？

　　土壤的表土颜色深暗、质地疏松、气味香甜，大量的蚯蚓和植物根系置身其中。这层土壤之下的底土通常清晰可辨，由颜色比较浅淡、更为致密的物质组成，很少有根或蚯蚓存在。在底土层的下面是每个地区的基础地质材料，如黏土或岩石等。

　　就栽培耕种土壤而言，表土的深度通常由耕地工具决定——比如铲或犁的刃——大约在 20~25 厘米。未经扰动开垦的原状土，情况可能更为复杂。

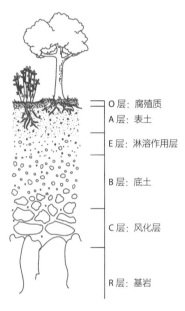

O 层：腐殖质
A 层：表土

E 层：淋溶作用层

B 层：底土

C 层：风化层

R 层：基岩

▲ 土壤科学家用土壤的层次结构来给土壤分类。对于选择种植哪些植物，花园土壤的检查也是至关重要的。

土壤的层次

　　土壤的层次结构称为土壤层（ horizons ）。在未经开垦的土壤中，可能会多达 6 个层次，每一层，土壤学家都用一个字母来加以标记（ 容易让新手感到困惑的是字母并不是按顺序排列的 ）。

　　最上面的一层是 O 层。在典型的土壤中，这层可能是由有机物组成的，它来源于尚未腐烂分解的植物叶片：在森林地区，这一层就是落叶；但在潮湿地带，这层则可能是渍涝泥泞的——因为缺氧，叶片的分解速度很慢。

　　O 层下面的是表土，也就是 A 层。这是一层肥沃的土壤，颜色深暗、质地疏松，由蚯蚓和其他土壤中的动物精心打理，是种子发芽、根系生长的地方。在潮湿的气候条件下，铁和铝等矿物质会从表土中冲洗出来，在 A 层下面堆积，形成一层颜色较浅的粉砂质的土壤层，即 E 层。E 层无助于植物生长——从农业和园艺的角度上看都没有用处。不过，有时并不存在明显的 E 层，A 层下面直接就是 B 层。

再往下是 B 层，即底土。由于缺乏有机物质，这一层的颜色浅淡，比表土层更硬、更不透水。底土层由黏土堆积而成，并且有铁和铝的淀积，通常排水性差、空气匮乏。如果挖到了这么深的地方，你会发现这一层土壤是灰色的，闻起来有一股酸味儿——显然不适合植物根系的生长。

B 层之下是 C 层，由土壤的"母质"组成——通常是砾石、黏土或其他沉积物。至此已经到了地下深处，影响其他各层的风化作用对 C 层不再有任何影响。最后一层是 R 层，由该地区的基岩构成。

现代土壤管理的实践，旨在模拟天然的土壤层次结构，避免过多的土壤混合。这种低干扰的处理方式有利于土壤生物的活动，对保持土壤的肥沃至关重要。同时，这么做还有助于保持当地土壤的天然属性，本土的植物及其根系在演化中已适应了这些属性。

沙漠土层

在有些地方，基岩可以非常接近地表。在沙漠地区，植物生长的土壤层通常很浅，一个叫作钙积层（caliche）的坚硬土层可能紧接着在 B 层下面堆积。钙积层由钙构成，植物的根无法穿透，所以沙漠植物往往是浅根的。

美洲龙舌兰（*Agave americana*）

营火会破坏土壤吗？

土壤是一种极好的隔热体，所以偶尔生起的营火或篝火一般不会对火堆下的土壤造成重大的损害。而针对森林大火——规模扩大了无数倍的营火——的研究表明，尽管大火在短期内破坏了有机物和营养物质，但只要大火过后尽快重新种上植被，土壤就能迅速复原。

营火的间接破坏

来自营火的污染对土壤是一种间接形式的破坏，因此，有些东西你绝不应该烧掉，特别是油漆过或做过防腐处理的木材。

原因如下：过去的油漆中含有铅，而直到最近，木材防腐剂还都是以砷、铬和铜为主要成分。所有这些有毒的重金属在燃烧后都会残留在灰烬中，一旦进入土壤就会永久地留存，如果重金属污染了农业种植区，就可能被果树和蔬菜吸收。现代木材防腐剂往往还含有硼，硼虽然也被用作肥料，

但过量使用则可能变成强效的除草剂。由于有这么多潜在的污染物，将所有经过防腐处理的木材都送到废料处理部门进行专门处理是非常重要的——完全不值得冒风险去焚烧它们。

在没有污染物的情况下，营火留下的灰烬是强碱性的，含有大量的钾——一种有用的植物营养元素。将灰烬薄施于酸性土壤中可以起到中和剂的作用，但最好不要将营火的灰烬留在原地，以免造成土地局部的强碱性。

如果你总是在同一个地方生火，那么下面的土壤就没有机会完全恢复。比较好的做法是使用炉子，或者不断改变生火的位置，不要总让同一块地面承受营火的影响。

夏季土壤变干后会收缩吗？

　　季节的更替令土壤随着温度不断变化，流经土壤的水量也在变化。但这会造成问题吗？一般来说不会：土壤是相当宽容的。但在某些情况下，当土壤变干时，带来的变化对它上面的建筑物产生的影响过大，就可能导致地面沉降。

　　黏土干燥时会收缩，表面出现裂缝。从园艺角度上看，这是件好事：即使土壤重新湿润，裂缝也会变成气孔保留下来。黏土不遗余力地维护着自身的结构——收缩产生的裂缝确保了良好的排水性并提供了足够的空气，有利于在其中生长的植物形成健康的根系。

　　大部分的土壤是相对稳定的：在失去水分时，体积几乎保持不变。不过，并非所有的土壤都是如此，某些黏土在变干之后体积会收缩。

沉降的发生

　　会收缩的黏土在夏天收缩，在潮湿的冬天膨胀，使建在黏土上的建筑在冬天抬升，夏天下降。这就是人们所说的建筑的"沉降"（settling）。树木和其他植被也会对此产生影响，它们的根从土壤中吸走水分，使土壤进一步收缩。如果黏土每次重新吸收水分后都能膨胀回最初的体积，那么对建筑来说就平安无事，但事实并非如此。每次重新吸收水分，黏土只能恢复先前体积的一部分，于是，建筑物的地基便逐年降低。

　　地基非常深的建筑禁得起土壤收缩的变化，但那些"扎根"相对较浅的建筑就可能因土壤收缩而遭受结构上的破坏，失去支撑，墙体开裂。

罗马人真的干过用盐破坏敌人的土地这种事吗？

　　一个很可能是杜撰的故事，长久以来被人们当成了事实：在罗马人与迦太基[①]人之间发生的血腥的布匿战争（Punic wars）结束时，胜利者在迦太基的土地上撒了盐，这样被他们征服的敌人就无法再种植庄稼。但这件事真的发生过吗？如果真的发生过，这么做行得通吗？

何出此"盐"

　　在迦太基土地上撒盐的故事似乎是 19 世纪的发明，而不是一路流传下来的真实历史。与现代的机械化开采不同，在古罗马时代，盐必须依靠人力从盐田、海水或盐井中获取，因此盐本身就是一种宝贵的产品。尽管如此，假设罗马人撒盐的行为做得足够彻底，毁掉土地的

▶罗马士兵的薪水用盐支付或军饷中专门有一部分用于购买盐，被称为买盐钱（salarium），英语中的"薪水"（salary）这个词就是由此而来。

目的是可以达到的。过量的盐是一种高效的除草剂——最近的一项研究估算，只需 74 吨的盐，就能把 1 公顷的农田变成不毛之地。

　　关于"撒盐"的传说，也许只是罗马人把迦太基人的土地给彻底

◀在水分蒸发超过降雨的炎热地区，水在低洼地带积聚并蒸发，最终形成盐沼、盐湖或盐田。

①迦太基，古国名。——编辑注

在古代，盐十分宝贵——罗马士兵们买盐还有专门的津贴。无论你多么害怕或憎恨敌人，可能都不会因此扔掉这种昂贵的资源。

糟蹋了，或者是罗马人可能用盐污染了迦太基耕地的水源——这倒是毁掉农作物的一种有效方式：盐是灌溉的灾难，而灌溉系统在公元前 2 世纪迦太基遭洗劫的时代已被农民们广泛应用。植物吸收了盐水，就可能被杀死，盐还会逐渐渗入到根周围的土壤中。最后，被灌溉的田地会因含盐量过高而无法种植庄稼，必须被弃置一段时间或用大量的淡水将盐从土壤中冲走，直到它们能够重新生长农作物。

土壤盐渍化

如今，为了避免农田中偶发的盐分积累，在降雨量较少的地区，灌溉系统从设计之初就包含了良好的排水系统。但这并不能完全解决盐分积累的问题。土壤本身就含有少量的盐，其中大部分盐分会溶入浇灌农作物的水中并沉淀下来。当盐的浓度到了肉眼可见的程度时（地上结出一层白色的盐壳），下面的土壤就会变得无法耕种。各国致力于养活增长的人口，全世界的耕地不断地增加，但在更多土地被开垦耕种的同时，因盐渍化而无法耕种的土地的总面积也在增加：据估计，2014 年已经达到了 6200 万公顷，与法国的国土面积相当。所以人们一直在研究如何从土壤中去除它的天敌也就不足为奇了。

◀ 盐角草（*Salicornia europaea*）是一种喜盐的植物，或者叫作盐生植物（halophyte），能够耐受对于普通农业生产而言含盐量过高的土壤。盐生植物可以使用盐渍土栽培。

蚯蚓是如何交流的？

蚯蚓好像并不擅长交流。它们似乎既不会在有捕食者靠近时互相警告，也不会传递关于发现了大量新的食物来源的消息。但这并不一定意味着它们不能交流，只是到目前为止，研究尚未收集到充足的证据。土壤本身的性质——黑暗、厚重、不透光——阻碍了对蚯蚓和其他地下生物的广泛研究。

普通蚯蚓 / 陆正蚓（*Lumbricus terrestris*）

一些实验表明蚯蚓可能更喜欢成群活动，在生物学上，这通常是一种"人多势众"的防卫策略。最近的研究表明，除了普通蚯蚓（陆正蚓）以外，红蚯蚓（赤子爱胜蚓）——堆肥箱里细长的红色

一些诱人的线索暗示蚯蚓之间的交流可能存在。例如，蚯蚓在择偶时看起来是很有选择性的，它们甚至会去拜访潜在交配对象的洞穴——至少在那里它们会尝试进行交流。

蚯蚓——的确显示出了相互交流的迹象。

以蚯蚓的标准来看，线虫堪称"沟通大师"。线虫是一个以蛔虫为代表，有着超过 25000 个物种的家族，成员几乎征服了从沙漠到海洋的任何一种环境。康奈尔大学的实验显示，线虫之间互相发送化学信号，而这些信号的复杂形式让科学家们感到惊讶。线虫能够留下组合形式的化学标记，不同的组合有不同的含义。例如，线虫会使用一对化学物质来"告诉"附近的线虫走

跟我来

　　关于蚯蚓成群活动时使用哪些感官有着各种各样的对照实验。一个实验是将一些蚯蚓放进一个迷宫，迷宫的两个出口放有食物。如果分开放入蚯蚓，它们会随机地钻向其中一个出口；然而，当它们被同时放进迷宫时，则似乎都偏爱同一个出口。科学家们对研究结果的解读是，蚯蚓并不通过化学分泌物与同类沟通（放入一条蚯蚓后再放入另一条，并在它们之间留有一定距离，后者似乎并不会受到前者行为的影响），但当它们足够接近，可以彼此触碰时，就确实会表现出某种从众行为。

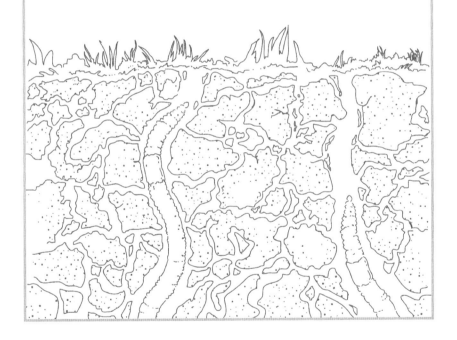

开，但当在这对化学物质的基础上增加了第三种物质时，这个信号则像是在让其他线虫靠近。即使线虫还算不上"沟通大师"，它们的化学语言的复杂程度表明，也许还有更多的秘密有待发现。

一棵植物死后，根部会发生什么变化？

一棵植物死亡之后，地面上所发生的事情是比较清楚的：如果不加干涉，它会腐烂并回归泥土——叶和多汁的部分很快朽败消弭，木质的茎与树干则需要更长的时间。然而，地下又发生了什么呢？

当根系腐烂时，它们不仅为地下所有的生物体——真菌、细菌和木蛀虫——提供食物，而且还施惠于土壤：随着根系的消解，它们留下了开放的空间，使土壤通气，令排水更有效率。不利的一面是，它们也会助长根腐真菌，而这些真菌并不全都满足于取食已经死亡的植物残体。诸如蜜环菌、根腐病菌这样的真菌效率很高，能够很快地波及健康的植物，并杀死它们。出于这一原因，林业上惯常的做法是挖

根系在潮湿的土壤中腐烂，细的迅速消失，粗大、木质的有时能留存数年。木头就其本性而言是耐腐烂的，土壤中的细菌和真菌，即使是那些有着高度适应性和顽固性的，也需要一定的时间才能将其分解。

出死去或被伐倒的树木的树桩及树根。实际上，由于这个部分的体量可能很大——一棵树大约有 1/4 的质量在其根部，每公顷针叶林的树桩和树根的总重量合计可达 150吨——树根有时也会被"收割"，用作可再生燃料。

植物的根常常被园丁们忽视，但是，当植物死掉或没能长好时，对根部的检查往往能揭示植物病弱的原因。

停止给植物浇水会发生什么？

　　在许多气候条件下，浇水并没有园艺新手想象的那么重要。至少在英国潮湿、凉爽的北部和西部地区，土壤中含有的水分通常能够满足已定植植物的生长需要，无须额外浇水。但是在最干燥的东部和南部地区，尤其是砂质土壤的地方，大部分植物则会从额外的浇灌中受益。

　　植物干旱应激的迹象可能包括叶子变蓝并呈现出蜡质、生长放缓以及在一天中最热的时候萎蔫。除非水分严重或长期短缺，当雨水回归时，观赏植物就能恢复健康，黄褐色的草坪也会重新变绿。不过，持续缺水会对番茄、莴苣这类"耗水大户"造成永久性的损害。在气候非常炎热和土壤非常干燥的条件下，如果没有经常性、规律性的浇灌，除了扎根已久且抗干旱的植物以外，所有植物都将遭受严重伤害。

　　那些还没来得及扎下足以令其挺过干旱期的强大根系的植物，就需要额外补充水分，这中间既包括幼苗，也包括新近被移植的植物，即便它们已是成熟的植株。

恰当浇水

　　在花园里，很多水是被白白地浪费掉的，要么是因为植物本来就不需要那么多水，要么则是因为使用的水量不够，还不足以真正起到作用。用水管放水短暂地弄湿植物并没有多大用处，比这更有效的方法是彻底而低频率地浇水——相当于 25 毫米降雨量的浸透式的浇灌，每 10~14 天浇灌一次。

Q 为什么盆栽植物经常会死？

无论是养在室内还是室外，盆栽植物都有一个致命弱点：完全依赖主人生存。许多植物因为出于好意的过度浇水而被杀死，而另一些植物则饥一顿饱一顿、毫无规律地获得水分，不能满足它们的生长需要。当然，也有少数植物纯粹是死于主人的忽视。

什么时候浇水

判断什么时候浇水、该浇多少水并不容易，除了观察，没有简单的办法。好在只有当土壤变得饱和时，过度浇水才会对植物造成致命的伤害。如果多余的水可以自由地排出，造成伤害的风险就小得多。排水缓慢（浇水时，通过水从盆底小孔流出的速度来判断）是一个危险的信号：盆栽介质已经变得致密、失去了结构，内部不再有足够的空隙让水分通过并流出花盆。水被留在少量剩余的空隙中，花盆里已没有透气的空间。没有了空气，根就不能正常工作，还会变得容易得病。因此，如果你发现排水速度缓慢，应当立即将植物移栽到新鲜的盆栽介质中。

室内植物要比放在室外的盆栽植物更加脆弱，这是因为室内的光照水平往往较低，植物对水分的消耗相对更慢。

给室内植物浇水

那么，什么时候给室内植物浇水，就成了一个需要精细判断的问题：在两次浇水的间隔中，有必要让盆土变得干燥，但又不会彻底干掉，相对干燥的盆土可以确保空气进入植物根部区域的空间。浇水时，要等到水从花盆底部的小孔自然流出，流进花盆托盘后停止。之后让水继续排出，不要让植物泡在水里。给室内植物施肥也是同样的道理，单次浇灌中使用液体肥料要一次性浇透并等水排出。这样，直到下一次浇水前都不用再管它了。

A 渍水是盆栽植物失败的首要原因。盆栽植物吸收水分的土壤与地栽植物相比要少得多，因此需要定期合理地浇水，避免造成太干或太湿的土壤环境。

5 种简单好种的室内盆栽植物

并不是所有室内植物都很难维护。如果你不是天生的园艺高手，这里有 5 种既吸引人又要求不高，或者说不那么敏感的植物值得考虑。当然，这并不意味着你可以对它们完全不管不顾，只是说在付出很少的维护精力的情况下，你也可以很有信心地期待得到满意的结果。

君子兰属。它们有着长长的、深绿色的带状叶子和橙色、红色、黄色或白色的喇叭形状的美丽花朵。种植它们只需要适量的光照，并适当浇水。

红边龙血树（商品名：马尾铁）。龙血树高大显眼，长有簇生的细叶，这个品种的叶片还镶着红边。放在合适的环境中，它可以轻松长到 2 米高。

君子兰属（*Clivia*）

大琴叶榕（商品名：琴叶榕）（*Ficus lyrata*）。提琴形状的叶子大而醒目，植株能长到非常巨大。

心叶蔓绿绒（心叶藤）（*Philodendron hederaceum var. oxycardium*）。优雅且生长快速，有着蔓生的翠绿色的闪亮叶子。

长生草。不停生长的多肉植物，排列紧密的莲座状轮生叶片很吸引人。更棒的是，你可以取下"大莲座"分生出的"小莲座"，栽种成一棵新的植株，使它们不断繁殖。

红边龙血树
（*Dracaena marginata*）

长生草（*Sempervivum tectorum*）

Q 土壤会生病吗？

土壤的健康度往往通过它对植物生命的支持程度来衡量。土壤变得不健康的原因多种多样：反复种植同样的作物会耗尽土壤的营养；土壤的结构可能遭到某些因素的破坏，比如建筑工程；长时间的洪水或渍涝可能导致有益于土壤的生物（比如蚯蚓）被一些能够在无氧条件下生存但对土壤健康无益的其他物种取代，造成土壤品质的相应下降。

如果土壤养分含量低，提高其健康度和肥力最简单的方法就是添加有机物质，通过翻耕土地来搅动底土、重新拌合并疏松土壤。必要时还应当改善排水。

同一块地，换换花样

在同一块地上重复种植同一种作物会让土壤生病。包括苹果、豌豆、樱桃、车轴草和马铃薯在内的一些植物的连作容易引起"病土综合征"（或特定的再植病害 / 重茬病），这已广为人知。尽管成因已被证实是生物学上的，但人们对此依旧知之甚少，罪魁祸首也许是真菌、病毒或线虫。

当土壤出现病土综合征时，种植者有 3 种选择：在地块上种植另一种作物；对土壤进行蒸汽消毒（费时且昂贵，但通常比较有效）；或者尝试生物熏蒸（biofumigation）。生物熏蒸是将富含硫基化合物的芸薹属作物种植在染病的土地上，然后将其打碎并与土壤混合；受损的叶片会释放出一类叫作异硫氰酸酯的天然化学物质，在杀虫灭菌的同时对环境没有明显的危害。

◤ 一茶匙健康肥沃的土壤中含有 10 亿细菌，以及成千上万的真菌、藻类和其他微生物。

A 尽管土壤会得病，但同样也会康复。同人类的疾病一样，治愈的关键在于对病情作出正确的诊断，然后对症下药。

轮作

　　保持土壤健康的最古老方法之一就是轮作。轮作确实有着悠久的历史——在古罗马的著述中便已提到——中世纪时已经相当普及。轮作所基于的想法是：不同的农作物有不同的害虫和疾病，从土壤中吸取的养分含量配比也不同，因此，与其在同一个地方年复一年地种植同一种作物，不如每年变更每种作物在菜园中种植的位置，尽可能地拉长轮回的间隔。如今最常见的是 4 年轮作，即一种作物每 4 年才会回到原来的地方——这样长的时间间隔足以消除任何特定作物病害问题的累积，避免土壤中特定营养成分的枯竭。

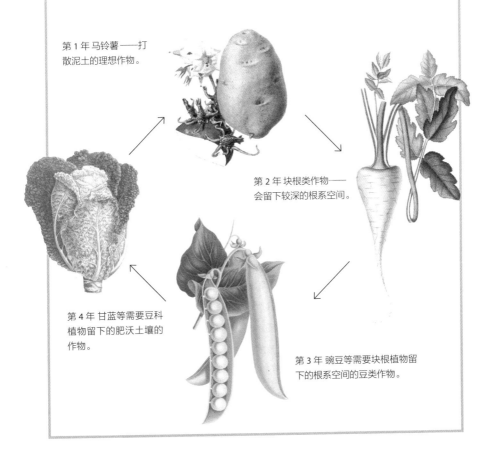

第 1 年 马铃薯——打散泥土的理想作物。

第 2 年 块根类作物——会留下较深的根系空间。

第 4 年 甘蓝等需要豆科植物留下的肥沃土壤的作物。

第 3 年 豌豆等需要块根植物留下的根系空间的豆类作物。

盐渍土会让种出来的番茄变咸吗？

享有充足的光照和水肥的植物通常能够丰产，这对农民来说是件好事，因为他们的收入取决于收成，但大丰收有时也意味着所收获的产品在风味上的相应减损。我们每个人可能都有过类似的经验：某种个头很大、看起来又健康又美味的果实（比如某种番茄），待到入口时却发现它几乎没什么味道。

对农作物而言，少许的生存压力——比如水分或营养的短缺——往往会令它们产出较小，但味道浓郁的果实。用含盐的水浇灌番茄会对植株造成轻微的压力，从而产出味道更好的番茄，这一理论得到了在以色列进行的一项研究的支持。在那里，含 10% 海水的灌溉水成功地提高了作物收成的抗氧化剂含量（它与味道有关）。不过，凡事还须有度。在干燥的气候条件下或者在温室里，盐分可

盐，无论是普通的烹调用盐还是氯化钠，在植物生长过程中适量地添加到土壤中，并不会让结出的果实——比如番茄变咸，但的确可以提升它们的口味。

能会累积到破坏土壤的程度；在气候温和的室外条件下，雨水则能将过剩的盐分冲走。

加一点盐，味道更美

你可以在自家种植番茄时尝试用盐水浇灌来提升口味，这个实验正确的时间点是在植株开花之后，果实刚刚开始形成之时。将 100 克食盐溶解在 1 升水中，制成高浓度的盐溶液。浇灌时取 4 毫升高浓度盐溶液，稀释在 9 升水中，然后每株植物浇 2 升稀释盐溶液，每周浇灌一次（间隔期间用清水浇灌）。如果你的番茄植株开始出现叶子焦枯的迹象，这说明盐过量了——用清水把土壤中过剩的盐分冲走，然后再行尝试。

为什么园土不能用于盆栽？

盆栽植物的日子过得相当局促。它们的根系无法向外拓展，如果被放在室内或温室等更加温暖的环境里，它们会比室外的同类长得更快。盆栽介质必须能够在一个很小的空间中供应高水平的养分，从而支持植物的快速生长并将植株固定稳妥，这可是一项艰巨的任务。

植物并没有演化到适应在花盆里自在地生活，所以盆栽植物需要许多帮助。发展出深广而强大的根系是植物的天性，为了拥有发达的根系，它们需要有水和空气。然而，过多的水会让根部窒息，或者引起疾病，导致植物死亡；太多的空气（栽培介质有太多的空隙）要么使植物很容易受到缺水的影响，要么就是在浇水这件事上给种植者平添诸多麻烦。

园土有很多优点，但却不像专门的盆栽介质那样能够满足盆栽植物的各种需要。不过，通过添加一些成分，园土也可以在花盆中使用。

简而言之，花盆里的植物对栽培介质有太多的要求，以至于园土无法满足它们。在肥沃的、得到良好管理的户外花园土壤中，有蚯蚓和其他土壤生物的开放式活动，还有宽敞得多的生长空间，这意味着植物的根系可以找到合适的空气和湿度条件。但是，盆栽环境缺少这些外在因素，因而园土对于盆栽来说就过于致密了。

园土改盆土

你可以对园土进行改造，使之变得适合用于盆栽。将两份园土与一份腐熟充分的花园堆肥混合，然后加入足量的粗砂，制成疏松的混合栽培土。上盆之前，在每 10 升土中加入 35 克普通肥料即可。

有不需要土壤的植物吗？

　　园丁们习惯于担心土壤的酸碱度，琢磨哪种土壤最适合他们的植物、如何增加土壤的肥力，甚至在他们喜欢的植物长得不好时考虑改变整个栽培环境。然而，许多人似乎忘了，世界上还有许多植物根本就不需要土壤。

　　你很可能已经拥有了一种最受欢迎的非"土生土长"的植物。英国最畅销的室内开花植物蝴蝶兰就属于附生植物。观察它的花器，你看到的不是盆栽土，而是由小块椰壳或椰壳纤维、岩棉纤维和树皮碎片组成的团块状介质。这其实是在模拟它的野外生境，在自然界中它生长在树皮上。它的根高度适应在树木表面上生活，因此，哪怕只是简单地被固定在一块普通的树皮上，蝴蝶兰也可以成活；相反，如果把它种在普通的盆栽介质中，则必死无疑。

🔺 蝴蝶兰（*Phalaenopsis*）属于附生植物（生活在树木的枝杈上），但如果采用一种主要由树皮碎片构成的团块状的盆栽介质来种植，在花盆里也能长得很好。

　　许多植物演化出了不需要土壤的生存方式，其中包括生长在受其损害的其他植物上的专性寄生植物，在树木上无害地生长的附生植物，以及生存于裸露的岩石上的岩生植物。

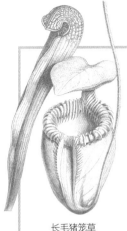

盘踞在岩石上的肉食者

岩生植物必须在接触不到养分的光秃秃的岩石上艰难度日，于是很多演化成了食虫植物，从黏黏的叶子到猪笼草的"猪笼"，以各种巧妙的方式捕捉昆虫。猪笼草先引诱昆虫进入它充满液体的瓶状体（变态的叶），然后确保它们无法再爬出来。

长毛猪笼草
（*Nepenthes villosa*）

有些非土生的植物长得并不像植物。其中最独特的一种是松萝凤梨（*Tillandsia usneoides*），在美国南部地区，可以看到它们一大丛一大丛地从树木上垂下。它的俗名叫"西班牙苔藓"（Spanish moss），尽管名字和长相都让人想到苔藓，但它根本不是苔藓，而是凤梨科植物家族中非常特别的一员。由于没有土壤可供用来获取水分，附生植物和岩生植物往往最适于生长在非常潮湿的环境里，比如雨林。

非土生的植物还包括许多水生或自由浮水植物，它们既不需要泥土来固定，也不需要从土壤中取得营养。它们没有干旱的危险，并且善于从它们周遭的水中汲取养分。入侵性极强的凤眼蓝（水葫芦）就属于这一类，另外还包括一些更常见的英国本土植物，比如浮萍属（*Lemna*）和水凤梨（*Stratiotes aloides*）。

凤眼蓝
（*Eichhornia crassipes*）

什么样的土壤最美味？

　　土壤是什么味道的？何以知道呢？也许你会惊讶，一些农民为了了解土壤的肥沃度和健康度，确实会品尝土壤的味道。肥沃的土壤有一种甜味儿，与健康的、新翻起的泥土的气味很吻合。据说酸性的土壤尝起来像柠檬汁一样，经验丰富的土壤品尝大师能够"品读"这种酸，根据土壤味道给出的提示在花园里添加石灰，从而提高土壤的碱性。

土甘菜亦甜

　　严肃对待土壤的健康并不一定要真的吃土。但无论种什么，给予土壤怎样的照料才能得到最美味、最丰厚的回馈呢？20世纪90年代，加拿大的一位可持续农业顾问在一项关于用不同的土壤种植不同的作

　　品尝土壤被认为是源于东欧的一种传统做法。实践者们坚持认为，这种操作能为他们提供关于土壤状况的宝贵信息。但是，通过土壤传播的病原体会危害人体健康，所以你最好不要亲自尝试。

▽ 白萝卜（长羽裂萝卜，Mooli）是一种生长快速且强健的肥田护田作物，其长长的根能打散土壤，人们正将它作为一种土壤改良植物来进行研究。

物的研究中发现，农作物的种植和培育方式也会影响到它们的味道。他在非生产季节种植肥田作物时发现，同一块土地上种植的下一季蔬菜作物，口味将会变得更甜、味道会更浓郁多样（肥田作物或覆盖作物，是一种纯粹为了使其生长的土地受益而种植的作物，通常在种植后直接被翻耕到土壤中，为土壤提供许多额外的营养）。这种改善并不只是他个人的一种印象，而是能够用白利糖度单位（Brix unit）进行量化测量的。（白利糖度单位用于衡量液体的含糖量。1 个白利糖度单位 = 100 克液体中含有 1 克蔗糖。）以胡萝卜为例，原先测得一根胡萝卜有 8 个白利糖度单位，改良土壤后，新一季收获的胡萝卜则可以达到 12 个单位。这些蔬菜不仅更甜，而且储藏时间也更久。这位顾问所做的工作已成为加拿大正在进行的一项研究的课题。

用"堆肥茶"让自家花园的土壤更肥沃

尽管家庭自制"堆肥茶"（compost tea）背后并没有非常令人信服的科学道理，许多园丁还是喜欢亲手制作这种液体肥，并用在自家的花园里。如果你已经有了一些品质上佳、腐熟充分的堆肥，"堆肥茶"制作起来就很简单了。你需要的只是几铲子堆肥、两只大塑料桶，以及一大块布，比如细棉布（或者一件旧 T 恤），用于过滤肥渣。

1. 把堆肥装进一只桶里，填够大约 1/3 桶。

2. 倒水——用来自集雨桶的雨水最好——直到把桶装满。

3. 浸泡 4 天，每天加以充分搅拌。

4. 用布将混合物过滤，把过滤后的"茶水"放进另一只桶。

5. 使用前用水将"茶水"稀释。（稀释后的液体应该是淡茶色的，通常需要以大约 1:10 的比例来稀释——1 份浓缩堆肥茶兑 10 份水。）

配制好的堆肥茶可以立即使用，对植物根部周围的土壤进行浇灌。

Q 土壤可以人工制造吗？

大自然制造土壤的经典方法需要耗费数千年。历经许多年的土壤母质（黏土、砾石、岩石和沙子）的缓慢风化，继以有机物质的逐渐累积以及与之相关的土壤生物的长时间作用，这个漫长的过程才能够完成。然而，人们对优质土壤的需求远远超过了自然界的供给，那么土壤能不能被人工制造出来，从而满足人们的需要呢？

怎样制造土壤？

一般来说，人造土壤始于一种可以被缩小成适当尺寸的颗粒的矿物。然后加入黏土，将"土壤"黏合在一起，并帮助它保持养分。黏土很重要——它颗粒微小并且有着片状的结构，这两个特点都有助于有效地保持水分和营养，并在植物需要的时候释放出来。接下来添加沙子和粗砂，以确保土壤能够排水通畅，并含有足够的空气。

最后，有机物质，通常是经过压实的生活垃圾——便宜且富含营养——被加进混合物里，调整好酸碱度，必要时再添加一些肥料。如此这般，全新的"土壤"就制造完成了——无须漫长的等待。

尽管土壤可以人造，但它们在许多方面都不如天然土壤。即便如此，良好的性价比足以令人造土壤在诸多方面的应用上取代天然土壤，达到人们可以接受的效果。

古法造土

在历史上，土壤是用受控漫灌的方法来制造的，这一过程被称为"淤灌"（warping）。在河流水位暴涨时，故意引泥水淹没低处滨海沼泽的特定区域。泥沙在洪泛区里堆积起来，最终得到非常肥沃的土壤。虽然这么做颇费人力物力，但良好的效果让人们乐意为之投入成本。

黏土

海底有土壤吗？

真正的土壤在有充足的氧气、淡水以及能为其构造提供支持的特定生物体的地方才能形成。海水与淡水所滋养的生命和生物学过程大相径庭，海洋中的氧气也非常有限。不过，海洋所能提供的是大量的泥沙。

20 年沧海变桑田

虽然填海造地很昂贵，但却能得到很好的结果。从开始到完成，整个过程大约需要 20 年。

首先，筑起堤坝把要开拓的土地围起来，然后将海水抽走，只留下少量的水，以便让挖泥船开展工作。挖泥船是装备了水下挖掘设备的小船，它要做的是在淤泥中挖出网状的排水沟。

排水网络挖好后，抽走大部分剩余海水，仅留薄薄的一层，形成一片裸露的淤泥地，也就是所谓的圩田或围垦地（polder）。这样的条件已能够支持杂草自行生长，雨水也能将盐分从泥里冲走。定期抽出圩田中的水，直到泥土的含盐量下降到可以播种芦苇的水平。

用一架小型飞机将芦苇的种子播撒到圩田里。随着芦苇的生长，

> 海洋不能制造土壤，但填海造地可以将大海变成高产的农田。在一些国家，例如荷兰，这样的填海造地工程已经发展到了非常高的水平。

它们的根深入泥沙的混合物里，盐度继续下降。大约 3 年后，点燃芦苇地，燃烧后的灰烬会让新生的土壤更加肥沃。

最后，芦苇的残留物被犁进地里，再加入一些石膏形式的硫酸钙。石膏进一步减少了盐分，并促进新生的土壤形成小团块，这一过程被称为"絮凝"（flocculation）。这样的土壤吸收力更强，更容易被植物根系、空气和雨水穿透。此时，它已经能够供养一些作物，而再过 15 年，它就会成为真正的良田。

堆肥成为"黑金"需要多长时间？

如果你是个自豪的堆肥箱或堆肥堆拥有者，那么对"欲速则不达"综合征一定不会陌生：哪怕是那些公认表现很好、效率很高的堆肥原料，似乎也会久久不见腐烂。那么，在把理想中的黑色"黄金"耙进你的菜地之前，究竟需要多长时间的等待呢？

完美的配比

原料的配比对于堆肥成熟的速度而言相当重要，例如，以绿色叶片为主的原料与干燥的秸秆类原料之间的混合比例。如果富含氮的绿色原料——比如割下的草坪草占多数，混合物可能会变成一堆空气含量极少的湿泥，需要很长时间才能腐烂；而另一方面，如果干燥的秸秆类原料过多，没有足够的氮来供养那些分解茎秆的木质部分的微生物，混合物就会发霉，同样会腐烂得非常缓慢。想要达到最快的速度，最佳的比例是大约 30% 的绿色原料

▽ 堆肥就像是一种魔法：让人倒胃口的垃圾废物在几个月内就转变成了最好的土壤改良剂。

配 70% 的秸秆类原料，不过 10% 左右的误差并不会对堆肥的成熟时间产生太大的影响。

在温暖的天气状况下，如果用配比恰当的混合物把堆肥箱一次性填满，堆肥过程可以在 8 周~10 周内完成；如果 3 周后把堆肥箱清空，将混合物搅拌后重新装回，时间则可以缩短至 6 周。如果像更平常的情况那样，用一小批一小批的垃圾废物来填充堆肥箱，那么这个过程从箱子被填满的时候算起大约需要 12 周——少量的垃圾产生的热量也较少。不过要是遭遇一个寒冷的冬天，堆肥过程可能至少需要耗费 4 个月。

当然，务实的园丁会尽其所能用任何可用的东西来装满他们的堆肥箱，然后把它"忘掉"一整年。这种漠不关心得到的回报将会是非常棒的堆肥，没有任何麻烦也无须担忧。

用厨房"喂饱"花园

很多厨余垃圾都非常适合做堆肥——菜叶果皮是主要原料——只不过其中有些应当适度添加，还有一些，比如蛋壳，则需要很久才能腐烂。

- 咖啡渣、茶包、软纸板和报纸都是很好的辅料。

- 柑橘类的果皮过去常被认为太酸而不利于蚯蚓的生存，但现在已很少有人相信这个说法。柑橘类果皮的唯一缺点是需要很长时间才能腐烂，不过，你可以将它们切成很小的碎片，加快其腐烂的速度。

- 绝不要在堆肥原料中添加有病害的植物，正确的做法是将它们烧掉。

堆肥原料腐烂的速度在一定程度上取决于季节，但还有许多其他因素会加速或减缓堆肥的腐熟进程。

哪种动物的粪便是最好的肥料？

来自马的粪肥要比牛的好一点吗？鸡粪比鸭粪更好吗？许多动物都是粪肥的潜在来源，但以最佳最全面而论，有没有一种至尊之选呢？

农家肥有三类。第一类来自家禽：鸡、鸭或鸽子；第二类来自牛、羊、马、驴和引进的外来动物，如大羊驼或羊驼；第三类来自猪。每一类都有利有弊。

各有千秋

家禽粪肥富含营养，起效也非常快。最好在春季少量地施加给作物，如果用得太多，会导致叶片生长过于茂盛，不利于将来花朵的形成；如果极大地超过了施用限度，还会伤害植物的根，并对土壤造成污染。家禽粪肥在施用前与大量的秸秆、收集的落叶或其他干燥的材料制成堆肥，效果最好。

第二类动物粪肥——牛粪、马粪等——在成分上都很相似：营养含量较低，但有机物质含量很高。同样，在施用之前也最好进行堆肥，特别是马粪，往往含有木屑，在土

▷ 牛粪可以改良土壤，并且含有大量营养物质，在农村地区易得而廉价。

俭以防匮?

　　那么人类粪便呢?在所有关于"花园里施什么肥最有效"的讨论中,总有人免不了要提出"人类自己的排泄物"这一话题,而且几乎同样可以预见的是,有人会引证这一事实:在中国,人的粪便世代被用于粮食作物生产,有良好的肥效。许多热爱生态的人和小块土地拥有者也笃信"俭以防匮"的理念,但在这件事上最好还是不要自行尝试。尽管已经有人类粪便的堆肥处理系统,但仍然存在许多有待解决的卫生问题,这使得施用人类粪便成为一项并不那么理想的实验。如果你想让粪肥的来源更加多样化,不妨考虑弄一头大羊驼。

壤中腐烂可能需要较长的时间,过程中还会耗尽粪便中的氮。其他动物的粪便则通常含有秸秆,很快就会腐烂,因此如果有需要的话,也可以跳过堆肥阶段直接施用。在秋季和春季之间大量施用这类粪肥是安全的,并且能给土壤补充许多重要的有机物。

　　最后一类是猪粪肥。猪粪中的养分不似家禽那般集中,但大部分猪以谷物和大豆为食,意味着它们的粪便还是比以干草或青贮饲料(silage)为主食的牛或马等食草动物的粪便养分含量更高。猪粪在施用前也最好进行堆肥,并以恰当的比例添加一些营养物质和有机物。

Q 为什么有些植物的根会露出地面生长？

你可能看到过一些树，它们基部周围隆起的根远远高出了地面。其实大部分树木的根长得都离地面很近——桦木属、李属的树根长得离地面更近——但从地下移动到地面以上仍是一个缓慢的过程，可能要花上很多年。

树根经年累月不断生长，如果周围土壤的高度因收缩、沉降或流失而下降，树根有时就会露出地面。

更奇特的是那些演化出了气生根的物种。其中有生长在热带海岸的美洲红树（*Rhizophora mangle*），它们像踩高跷一样用那些"腿"把自己从生境中的泥巴里抬升起来。另一位沼泽住民落羽杉（*Taxodium distichum*），则向上生出屈膝状的呼吸根，冒出水面呼吸。

绞杀树

最奇特的要属孟加拉榕（*Ficus benghalensis*），榕树家族的一员。作为一种附生植物——直接生长在另一棵树上——它的生命从远离地面的高处开始。随着孟加拉榕的生长，它开始在寄主的树干周围向着地面生发出长长的气生根。这些气生根越长越多、越长越粗，看起来就像是长成了许多列"树干"，最终它们融合在一起，创造出一圈有沟槽的"树干"。在这个过程当中，它就渐渐地将它的寄主勒紧扼杀。尽管它的"树干"实际上是由气生根形成的，但高高在上的茎干部分会不断长出新根，直达地面并扎入土中，起初只是一丛，最终可以独木成林。

通过这样的生存策略，榕树既规避了要在大树的阴影下开始新生的挑战，又无须在地面上与其他新生的植物展开你死我活的竞争。江湖人称"绞杀榕"，可谓名不虚传。

A 树木的根露出地面有很多的原因。有时是由于地下水位抬升至地表附近，逼迫树根向上生长；有时是由于土壤太过紧实，导致树根无法向下延伸。不过，还有一些树则是真的演化出了气生根。

世界上的土壤会被耗尽吗?

土壤往往被误认为是一种无限的可再生资源,但现在用于农业生产的土壤是在自然生态系统中历经漫长的时间才形成的。当土壤在农业应用中被"驯化",那些在土壤自然形成过程中发挥作用的野生动植物也被简单的农业耕作系统取代了,但后者会令土壤退化,而非改良。

农民们能否向园丁们取取经?

大规模农业因损耗土壤、最终导致收成下降而备受指责,而用于种植蔬菜的小块"田园"式的土地,在土壤品质上的得分却始终很高(意味着土壤疏松透气、含有大量有机物和营养物质)。这些园地里的土壤之所以具有可持续性,主要原因大致有三个方面:有机堆肥与粪肥的大量使用维持了土壤有机物的含量水平;所种植的作物种类繁多;土壤没有因重型机械的使用或因潮湿状况下的耕作而被压实。

那么结论呢? 世界上的土壤虽不会枯竭,但我们仍需警惕,要用更温和、可持续的耕作方式取代集约型的农业生产。

土壤的破坏和侵蚀在世界范围内都是个巨大的问题,即使在被视为干旱危机不易发的那些地区亦是如此。最近的研究表明,即便在英国,如果不改变耕作方式,密集耕作地区的土壤也只能再支撑百余次的收成。

☑ 犁田是一种控制杂草的好方法,但如果对土壤健康不加以重视,长期来看会对土壤造成损害。

Q 血、鱼和骨头：这种肥料有什么神奇的内涵？

"血、鱼和骨头"（'BLOOD, FISH AND BONE'，一种肥料的名字，类似于中国常见的"骨粉"肥）是一种园丁们常用的、名副其实的天然复合肥料。这是一种廉价的缓释配方，对植物作用温和，对土壤有长效的益处。不过，这里头到底是些什么成分呢？

A 素食人士和容易犯恶心的读者朋友就别往下看了。"血、鱼和骨头"完全是"如实描述"：它们是由食品生产流程的副产品——兽蹄、兽角、骨头、血液等制造肉类食品时通常被弃用的"下脚料"制成的。

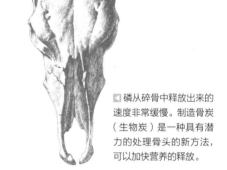

◀ 磷从碎骨中释放出来的速度非常缓慢。制造骨炭（生物炭）是一种具有潜力的处理骨头的新方法，可以加快营养的释放。

物尽其用

食品生产流程涉及加工数量巨大的鱼、牛、猪、羊和鸡。精华部分首先被取走，一些不那么诱人的部分被用于制造"再生肉"（MRM，也叫机械回收肉，经机器特殊处理制成的糊状原料，用于生产廉价的香肠和汉堡肉等产品），最后剩下的不可食用的部分则可以被制成肥料。

成分比例不同的"血、鱼和骨头"肥料，营养配比也不同：比如

鱼粉，可能含有 10% 的氮、6% 的磷和 2% 的钾；蹄角粉类肥料的主要成分是角蛋白——一种在土壤中分解缓慢的富含氮的纤维状蛋白质；血粉肥也富含氮，但释放营养物质的速度相对较快；骨粉中磷的含量尤其高，是经过精细的研磨制成的。

尽管非有机肥料是通过化学方法生产的，但它们相对便宜，而且

可能对植物起效更快。"血、鱼和骨头"这类有机肥则需要被土壤中的微生物缓慢分解，随着土壤温度的升高，养分在整个栽培季里逐渐释放出来。肥料分解的速率取决于土壤的温度，而土壤温度又恰与植物的生长速度一致：土壤温度越高，植物生长得越快，"血、鱼和骨头"释放出来的营养也就越多。

神奇三元素

大部分肥料中主要的 3 种营养元素均为氮、磷和钾。在产品包装上，它们通常用元素符号来表示：氮是 N，磷是 P，钾是 K。包装上的标签显示了肥料所含的每种营养物质的占比。

氮有利于植物生长，使叶子呈现出典型健康叶片的深绿色。

磷促进根系的健康发育，有助于果实和种子的成熟。

钾能增强植物对霜冻伤害和真菌病害的抵抗力，植物开花结果也都离不开钾。

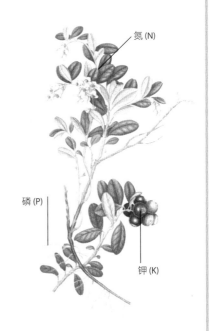

氮 (N)

磷 (P)

钾 (K)

土壤中生活着多少大个头的动物？

除了食物链最顶端的捕食者（包括人类），其他动物大多有自己的天敌。如果它们不能跑得很快或爬得很高，在生命受到威胁时就需要躲藏起来。世界各地有许多种动物都会在土壤里挖掘避难所：如果你是一头熊，便需要有一处地方熬过严冬；如果你是狼或鼬，在繁殖季节就需要有一个窝；而对老鼠、鼹鼠等弱小的生物来说，则需要有一个可以从那里出动去寻找食物和配偶的"根据地"。

动物的体形越大，藏身于土壤所要付出的挖掘工作量也就越大。此外，无论是在地上还是地下，大型动物都比小型动物需要更广阔的领地，种群的分布也就更稀疏。在芬兰，平均每 1 千平方千米内可以发现一头熊，而与此相对照，在每平方米的土壤中可以找到数以千计、有时甚至上百万的微小动物。

生活在土壤中的大型动物——至少比蚯蚓大——比你想像的要多。一般来说，越大的动物也就越罕见，在其每平方千米的潜在领地上所能找到的数量就越少。

小型哺乳动物的数量较多，据估计有超过 2400 万只兔子生活在英格兰，也就是平均每平方英里大约有 465 只兔子；不过当然，兔子是成群的，所以它们的数量在一些地方会比在另一些地方更加集中。随着动物体形的减小，它们的分布趋向于更加均匀——英国最常见的

棕熊（*Ursus arctos*）

哺乳动物是黑田鼠（field vole），数量估计在 7500 万只左右，而小林姬鼠（field mouse）的数量则落后于黑田鼠，约有 3800 万只。所有这些小型哺乳动物数量的涨落取决于其食物来源的状况，同时它们自身也是食物链上位置稍高一点的掠食者——比如鹰、猫头鹰和鼬等动物——的重要食物来源。

穴兔（*Oryctolagus cuniculus*）

浅入浅出

　　很少有入地很深的动物洞穴，因为土壤很重不易搬动，而即使是冬眠中的动物也需要呼吸氧气，所以大部分动物会待在相对靠近地面的地方；此外，在气候潮湿地区的冬天，地下水位还可能抬升到足以淹没较深坑道的高度。鼹鼠过着最严格的地下生活，它们以蚯蚓和蠕虫为食，很少离开洞穴；田鼠则生活在最浅层，刚好在土表以下，常常会突然冒出来啃啃植物的嫩芽；大老鼠也在土壤浅表活动，在遇到严重威胁时会掘洞鼠窜，逃之夭夭。

欧洲鼹鼠（*Talpa europaea*）

第4章

天气、气候与季节

太阳出来后不能给植物浇水，这是真的吗？

关于浇水的最佳时间，园丁们有很多讲究——比较常见的一种说法就是在大太阳底下不能浇水。这真的有科学依据吗？对植物来说，补充水分还不够，浇水的时间也很重要吗？

过去，人们认为植物叶片上的水滴会起到放大镜的作用，阳光被聚焦在叶面上，会导致灼伤。最近的研究对此提出了质疑：光学物理并不支持这种理论。

正确的时机

光滑叶片上的水在艳阳之下不会造成伤害，非常多毛的叶片则可能风险稍大：至少在理论上，叶面上的毛可能将小水滴与叶片表面隔开足够远的距离，令光能够被聚焦到叶面上，从而造成灼伤。

尽管叶子并不总是会被烤焦，但仍有另一种反对在大白天浇水的理由——这样会浪费水！当喷洒出来的水滴在空中掠过时，可能有多达 18% 的水直接蒸发掉了。晚间浇水虽然更经济，又会引起其他问题：天气温和时，较高的湿度、潮湿的叶片在凉爽的气温下容易引起细菌或真菌感染。经验丰富的园丁会告诉你，理想的浇水时间是在拂晓之前——如果你不愿这么早就起身拿起水管或浇水壶，那么一个有定时功能的灌溉阀门也许可以帮你解决问题。

往哪里浇水

理想的做法是将水浇在土壤表面，而不是浇在植物的叶子上。滴灌或渗灌的浇灌方式会将水分直接释放进土壤中，即使此时头顶烈日，也非常省水。润湿根部区域也是给植物降温最有效的方法。

何以知道该浇水了

如果植物缺水并出现萎蔫或叶片颜色暗淡发灰的现象，说明植物已经受到了损害：植物的生长已停滞，更容易遭受病虫害，在某些情况下还可能无法完成繁殖循环的关键步骤，比如结籽。

为了避免发生这种情况，你需要认真检查土壤，特别是盆土。有时候看起来湿润的土壤实际上已经干了，反之亦然。例如，黏质土壤可能看上去很湿润，但黏土颗粒非常小，水分被紧紧锁住，导致植物的根无法获取，所以黏质土壤在出现干燥迹象之前就需要浇水了。沙质土壤可能看上去很干燥，但如果你抓起一把，就会感觉到它仍然是潮湿的。尽管里面可能并不含有很多水，但至少对根而言这些水分是能够获取的。因此对于沙质土壤而言，仅当触摸起来也觉得干燥时才需要浇水。

萎蔫的叶子

根会遭受冻害吗？

在周遭土壤冻结时，番茄和大丽花等不耐寒植物的根通常会被直接杀死，但许多耐寒植物的根则能够经受住寒冻。即使在气候温和的地区，比如英国，土壤冻结深度有时也能达到20~30厘米；而在气候寒冷的地区，如美国中西部，土壤冻结要深得多，可达120厘米。

在春天占得先机

根需要花较长的时间适应寒冷，而且可能从来不会完全进入休眠状态。随着冬天的到来，植物的根开始对冻—融的循环作出反应，降低对寒冷的敏感度是个缓慢的过程。这种耐寒性在春天则反转过来。早春是土壤可以提供丰富营养的时节，静待植物们去吸收利用。所以，当土壤开始解冻时，植物的根是否已经准备好行动起来，是很重要的。

凛冬渐至，气温开始下降时，多年生植物和树木的地上部分进入休眠状态，变得对冻害不再敏感。但在地下，则又是另一种情形。

冬季，"年长"的橡树会落光叶子，而年幼的橡树则会保留一部分树叶。

给盆土保暖

种植在容器中的植物特别容易遭受根部冻害，这并不奇怪。如果容器被冷空气包围，容器内土壤的温度就会比露地生长的植物根部区域土壤的温度低得多；而且如果天气非常寒冷，整个根系团就可能会被冻得结结实实，造成的伤害将无可挽回。因此，在寒冷的气温下给予花盆额外的保护是很重要的——可以用气泡膜或园艺无纺布包裹花盆，或者将整个花盆埋进碎树皮里。

尤其是常绿树木，它们的根系在春天需要迅速行动起来。常绿树在冬天保留它们的叶子，冬季多风的天气会令叶子干燥受损，它们有赖根部来修复寒冷季节造成的脱水——如果根部迅速开始吸水就能起到作用。行动够快的话，它们还能抢在落叶的树木之前早早利用土壤中的水分。落叶树的动作要慢一些，在春天抽芽（冒出新叶的芽）之后，它们才开始争夺水分。

为什么有些树在秋天会落叶，有些则不会？

　　如果大自然是合乎逻辑的，所有的树似乎都应该是常绿的。如果你是一棵树，每年"抛弃"所有的树叶——这从能量角度上看非常昂贵——在春天到来后又不得不长出更多的叶子，显然很不合理。按理说，树叶全年不落就应该能长得足够大，从而尽可能高效地进行光合作用——通常叶片越大，效率也就越高。

　　当生长不受制约时，树木往往是常绿的（常绿阔叶，而非针叶）。它们可以全年生长，充分利用现有的条件。在生长受到更多限制的潮湿、没有霜冻的地区，树木通常是落叶的；在干燥、困难的条件下，无论是地中海那样的干热气候，还是冬季土壤冻结的极北地带，针叶对树木会更加有利。尽管针叶在光合作用方面并不是最高效的，但至少更加坚韧。当生长条件对常绿树来说过于恶劣，而对针叶树而言还不够严酷时，大自然就采用折中的方案：如果生长季节足够长，有时间长叶和落叶，落叶树就很适合这样的条件。在有着明显冬季的地区，树木长出薄质的、"抛弃型"的叶子，在寒冷天气到来时脱落，在春天重新生长出来，从能量角度上看才更加经济。

　　在一片区域中，树木的类型并不一定非此即彼。一些天然的原生态森林里既有针叶树，也有落叶树，它们共享空间并相安无事，在同一环境下按照各自的规则生活。一些常绿阔叶树在以落叶树为主的树林

答案在于树木生长的气候与环境条件。在有着明显冬季的地区，春天长出新叶、冬天将叶落掉，对树木来说更加节能。不过，这并不是一条不可动摇的"死规则"，毕竟常绿树和落叶树也可以生长在一起。

凋而不落

年幼的橡树和其他一些种类的树整个冬天都保留着枯叶，到了春天才让枯叶脱落，这种现象被称为"凋而不落"（marcescence）。目前，人们还不完全清楚这对树木有什么好处，可能是春天的落叶到了夏天在地上腐烂时，作为额外的"加餐"，对树木会有更大的裨益。随着这类树木长大成熟，它们会失去这种习性，像其他的落叶树一样开始在秋天落下叶子。

荷花木兰（*Magnolia grandiflora*）

下层找到了合适的生态位，并能得到很好的庇护。如冬青、常春藤以及荷花木兰（广玉兰），都适应了在更高大的树下生存。常绿阔叶树只有短暂的时段可以生长，一旦它们的落叶树"邻居"开始长叶子，它们就会落进阴影，无法再进行任何高效的光合作用，因此时间不允许它们每年叶生叶落。

潮湿的时候，要减少给植物浇水吗？

植物会受到周围空气中的水分的影响。通过蒸腾作用从叶片流失的水分会得到平衡——通常水分会从叶片湿润的内部流向周围干燥的空气。但是，如果空气中含有大量的水分，叶子就会减少通过气孔"漏"出去的水。

在大多数情况下，给植物的根部浇水比给植物加湿更有效。植物叶片上的气孔在缺水时关闭，在潮湿的环境中保持开放的状态，这意味着植物可以自由地进行光合作用，并保持良好的生长速度。

可惜，水蒸气消散的速度实在太快，浇湿温室地面和植物叶片很少能完全有效地将湿度提高到所需的水平。温室常常需要通过通风与

空气越潮湿，植物消耗的水就越少。给空气加湿（比如在温室里）可以作为减少植物需水量的一种方法，但也会增加染上细菌和真菌疾病的风险。

供暖来小心地进行湿度控制。通风的调控效果最佳，因为室外的空气总是比封闭的温室里的空气更加潮湿。在不能进行通风的地方，比如在通风会让热量逃逸的热带植物温室，水会以水雾的形式被喷射到空气中，最好通过湿度传感器来进行调控。

温室常常需要通过通风与供暖来小心地进行湿度控制。通风的调控效果最佳，因为室外的空气总是比封闭的温室里的空气更潮湿。

扦插繁殖

潮湿有利于光合作用，扦插繁殖的时候，你可以利用这一点来确保成活率。

· 选一段长 8~12 厘米、带有一些叶子的枝条作为扦插枝。

· 移除位置靠下的叶子，把扦插枝的下半部分放入生根培养基（粗砂与椰糠的混合物最佳）。由于扦插枝此时还没有根，它还暂时无法从基质中获得水分；用塑料盖子盖住花盆，或用透明的塑料袋将花盆罩起来，使整个环境保持很高的湿度。

· 扦插枝要置于光照下，但要远离强光或高温（否则会变得干枯）。潮湿的环境和一定量的光照将确保它能有效地进行光合作用，并迅速生根。当茎和叶显示出生长的迹象时，说明扦插枝已经生根，能够判定它已经成活，可以按照通常的方式来浇水了。

生长中的植物如果被非常潮湿的空气所包围，就容易受到疾病的侵害，尤其是腐烂。一旦在枝条上发现褐色或潮湿的东西，应当立即清除。

遭遇生存压力的植物为什么会呈现出灰色或蓝色？

本应是绿色的叶子有时呈现出灰色或蓝色，这是植物的应激症状。引起这种情况的原因可能多种多样——比如一段时间的干旱或严寒，或是植物缺乏某些营养物质。

化学涂层

从化学角度上看，蜡是一种不溶于水的长链碳分子，植物制造它需要付出很大的代价，动用其储备的糖，所以只有在感受到威胁时才会制造蜡。

叶子的表皮，或者说角质层本身会带有一些蜡，但在干旱或其他的生存压力下，植物会制造更多的蜡来保护叶片。增厚的蜡质层让叶子呈现出蓝灰色。

营养不良的植物

出现在叶片内部而不是表面的一种不太一样的蓝色，可能是由营养不良引起的。例如，番茄植株在缺乏磷元素的情况下会呈现出某种蓝紫色。

实际上，蜡不仅是阻止叶面水分流失的一道屏障，而且还能反射热和光，防止植物过热。在浇水之后，蜡质层通常会很快变薄。

蓝灰色的蜡质层只是植物自我保护的诸多方法之一。它们也可能会发出更深的根，长出小号的叶子或把叶子卷起来，从而减少暴露自身的弱点。在干旱条件下，叶子的气孔也会闭合，帮助植物保存水分。

高温的土壤会烫伤植物吗？

土壤是一种极好的隔热体，所以土壤的温度高到足以烧坏植物的根，是很罕见的。如果环境总体上适宜并且植物得到了充足的水分，那么，夏季里额外的季节性生长意味着植物根部周围的土壤会受到植株上部叶子的荫蔽，有助于防止地面变得太热。

当地面得不到叶子的隐蔽时，植物往往长着更木质化、更多毛或蜡质的叶子。这些特性都能够反射而不是吸收光线，有助于植物降温。

生长在原生地气候中的植物通常已在演化中习惯了承受特定的气温。不过，热量也会影响种子的萌发——我们所熟知的是，如果太冷，种子便不会发芽；但如果太热的话，许多种子也同样不会发芽。

充分利用地膜

地面塑料覆膜通常被园丁们用来清除杂草，但它们也会影响地表以下的土壤温度。白色的覆膜使土壤保持凉爽，透明的覆膜让土壤变暖，黑色的覆膜不仅会令土壤升温，而且自身也会变得很热，导致植物茎和叶的灼伤。如果你想保持植物根系的健康（或者干脆说保持植物的存活吧），将土壤加热到灼伤植物的程度，显然是不可取的；但如果你希望给土壤杀菌消毒的话，过度加热则是有好处的。有记录表明，在炎热的地区使用透明覆膜能将土壤表面的温度提升至 76℃，这样的高温将会消灭地下的生命，并在曝晒的过程中给局部的土壤消毒。

应对酷暑热浪下土壤变热的问题，有个解一时之急的办法是使用天然覆盖物，比如树皮。另一种好材料是干草，它有助于反射炽热的阳光。

树木如何知道该在什么时候落叶？

落叶树在一年中相对温暖、天气比较温和的时节长出并保留树叶，而在寒冷、生长条件不太适宜的冬季将树叶落去。理论上，常绿的叶子是最高效的系统，但扁平的常绿叶片在冬天很容易受到伤害。因此，大部分常绿树种都把它们的叶子变成细长的针叶——通过这种适应性的改变，叶子能够抵御恶劣天气的影响并且保持水分不易散失。虽然针叶不如落叶树的叶片那样高效，但是在冬天土壤冻结、不可能吸收水分的情况下，将成为一项优势。

树木每年大约在相同的时间落叶。主要的触发因素是冬季来临时白昼时间的缩短，下降的气温则是一个附加因素。

落叶的缺点

每年春天，落叶树的确需要投入许多能量用来长出一套新叶——而在秋天，随着老树叶的凋落，它们又抛弃了许多有用的东西。落叶前，落叶树尽力将树叶中的所有营养物质"抽回"树的主体，尽可能多地回收能量。落在树周围的老树叶也会原地腐烂"化作春泥"，为树根提供一些养料。

特定树木的落叶时间每年都非常近似。这一现象的触发因素是白昼的缩短，或者更准确地说是黑夜的延长。临界时间取决于物种及其生长的地点。典型的情况是，当白昼与黑夜等长时，落叶机制就被启动。下降的气温是一个附加因素（温度下降时，树木会停止制造叶绿素），但只是一个额外的条件。气温在年与年之间可能会有很大的差异，但每年在相同的日子里白昼的长度始终如一。

叶落的原理

　　植物的光敏色素能感知明暗，它们以两种形式存在：一种在光亮中生产，另一种在黑暗中制造。随着两者之间的比例发生变化，它们开始改变掌控着不同生理功能的植物激素。当白昼变短时，树木开始生产一种叫作"脱落酸"（abscisic acid）的植物激素，它会刺激每片树叶在叶柄的基部形成一层木栓质的离层（abscission layer）。这层细胞会阻止营养物质和水分进入叶片，当供给被切断时，叶片就会脱落。

▽ 欧亚槭（*Acer pseudoplatanus*）茎节部纵切面的光学显微照片。茎边缘的红色细胞层即离层，由木栓层和薄壁组织（木栓形成层）组成。这是秋季落叶的第一个阶段。

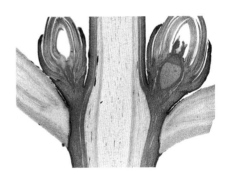

落叶实验

　　人们对种植在日照时间和气温可以被严密控制的人工生长室中的落叶树开展了一些实验。研究发现，当气温降低但"白昼"依然较长时，树并不会落叶；但当"白昼"被调节到与"黑夜"等长时，树叶就开始脱落。在生活中有时可以见到类似的情景：一棵树上长得离灯光较近的枝杈与离灯光很远的枝杈相比，前者的树叶留存的时间比后者要长久得多。

没有水植物能活多久？

如你所料，一种植物在没有水的情况下能够存活多久，很大程度上取决于植物的种类。如果任由根部失水变干，一棵生菜的幼苗在一两天内就会死去，而一些种类的仙人掌在没有水的情况下则能轻松度过好几周。最极端的例子之一，是在极度炎热干燥的智利阿塔卡马沙漠（Atacama desert），生活在那里的仙人掌科龙爪球属的植物龙魔玉，可能是世界上最耐旱的植物，据悉它能够在没有任何明显水分来源的情况下存活多年。

干有干的活法

仙人掌和其他一些多肉植物统称为旱生植物。它们已经适应了缺水几天、几个月甚至几年的生活。它们没有像样的叶子，却有着厚厚的、不透水的表皮，还可能全身长满了尖刺或毛。它们的新陈代谢也不同于"正常"植物。大多数植物的气孔会在白天保持开放，允许二氧化碳进入，以便进行光合作用。然而，长时间张开的气孔不可避免地会导致水分流失。旱生植物会在炎热的白天关闭气孔，在相对凉爽的夜晚把气孔打开。由于夜里没有阳光，植物无法将二氧化碳直接用于光合作用，它们便用化学手段将二氧化碳以一种有机酸的形式暂时"固定"下来，等到第二天天亮，再

一些植物是在干旱条件下演化而来的，它们能很好地应对长时间的缺水；而那些在能轻而易举获取水分的环境中长大的植物，很快就会向干旱投降。

龙魔玉（*Copiapoa echinoides*）

将二氧化碳释放出来用于光合作用。
这一过程在专业上被称作景天酸代
谢（crassulacean acid metabolism，
简称 CAM）。由于这一过程并不十
分高效，旱生植物往往生长得十分
缓慢，不过这也意味着它们能够耐
受令其他植物望而却步的艰难环境。
对生活在非常炎热干燥气候中的园
丁来说，旱生植物也是一种大自然
的恩惠，让他们得以在那些不可能
的地方创造出自己的花园。

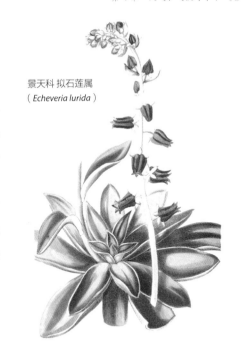

景天科 拟石莲属
（ *Echeveria lurida* ）

室内植物短期缺水的对策

　　对于受到容器约束、根系生长空间有限的室内植物，你可能会担心它们特别容
易缺水。毕竟，许多植物如果被种在小盆里，并摆在阳光充足的地方就需要天天浇
水，有时甚至要一天两次。不过，有一个简单的办法可以帮助它们应对短期的缺水：
将它们集中摆放在遮阴良好的地方，浇透水，然后你就可以
出门享受大约两周的假期，植物不会因你无法照料而受到
严重伤害。这个办法之所以奏效，是因为集中放置在
一起的植物能够形成一个潮湿的小气候，而
阴凉的环境确保了植物对水的需求降
至最低。

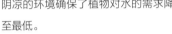

为什么有的植物经得起霜冻，有的却不行？

没有一段逐渐变冷的时间来让植物为严寒做好准备，后果将是致命的，因此，一场突如其来的春季晚期霜冻可能对植物造成毁灭性的打击。抗寒性锻炼（hardening）是植物为低温逆境做好应对准备的过程，只有在气温逐步下降时才能发生；而在春季，当恶劣的天气过去时，这一过程会发生逆转。不过更令人担忧的是，如果冬季有一段短暂的回暖期，抗寒性的逆转也会发生——而此时倘若一场严霜降临，防御能力的缺失可能会严重伤害甚至是杀死一棵植物。

耐寒植物应对极端低温有两样看家本领：一个是抗寒性的锻炼，另一个叫作过冷作用（supercooling）。

抗寒锻炼

抗寒性锻炼的过程涉及植物细胞内溶解的糖与其他有机分子的增加。这有助于降低细胞的冻结温度，防止可能刺穿细胞壁的冰晶的形成。就像给汽车添加防冻剂，能让结冰点降低到 -2℃左右。这是一种相对比较轻微的保护措施，因此，"防冻"化学物质的作用看来极有可能还包括与过冷作用一起协同调控后续植物内部冻结的速率和部位。

过冷作用

当气温连续几天下降至 5℃，植物开始进入"过冷"状态，促使许多耐寒植物为严寒做好准备。一旦准备完毕，它们的细胞内容物的温度可以降至 -40℃而不结冰。这是因为此时在植物冰冷的汁液中已不再有微粒或气泡可被用作形成

不耐寒植物在低于 12℃的气温下就不能正常运作，细胞反应会停止运转。耐寒植物则名副其实，通常能够在严寒条件下生存，前提是它们得到了逐渐变冷的气温的"预警"。

柳属（*Salix*）

不耐寒也无妨

不耐寒植物即便母体死去，它们也有办法让基因在寒冷条件下得以延续。例如，西红柿会结出在来年萌发的种子，而同样易受霜冻影响的马铃薯则在地下生成作为贮藏器官的块茎，在下一季长出新的植株。因此，即使植物死去，它也已经确保了后代的生存和延续。

冰晶所需的凝结核。假如抗寒锻炼过程未曾出现，过冷作用也不会发生。

在极度寒冷的极地和高山地区，即使有这些本领也仍是不够的。生活在极端条件下的桦木属和柳属植物还有另一项绝技可以依赖：它们能够将细胞内的水分转移到细胞壁之间，水在那里冻结不会造成伤害。大部分植物的细胞脱水后就会死亡，但这些特别的植物则不同，漫长的演化已确保它们可以存活，而脱水细胞存活所能克服的低温似乎没有实际的极限。

马铃薯（*Solanum tuberosum*）

Q 球根类植物何以知道该在什么时间发芽破土？

"球根类植物"是鳞茎、球茎、块茎类植物的俗称，用植物学术语来说叫地下芽植物（geophyte），它们通常产自植物需要采取对策来规避恶劣气候条件的地区。要想相对安全地躲过严寒、酷热和饥饿食草动物的侵袭，还有什么地方比地下更合适呢？种过球根的人都知道，在适当条件下，春花的球根每年几乎都在同一时间开花，这背后必有某种复杂的控制机制在起作用。

A 气温决定了球根的叶芽花芽冒出地面的时间，其中许多球根似乎在开始生长之前还需要经历一段时间的低温。人们尚不完全清楚这背后的机制，但显然在某种程度上，球根们同时拥有"时钟"和"温度计"，可以"告诉"它们什么时候开始生长是安全的。

春天开花的球根类植物来自夏季炎热、冬季寒冷的地方：高海拔的地中海气候地区（水仙属、雪滴花属、仙客来属的原产地），以及冬夏干燥的半干旱地区（观赏类葱属、郁金香属和一部分鸢尾属的老家）是其中的典型。地面光照充足的日子在寒冬之后，在郁树葱茏、浓荫蔽日的时节之前，蓝铃花属（*Hyacinthoides*）在演化中学会了利用这段短暂时间。

水仙属（*Narcissus*）

郁金香鳞茎

春花的启动

　　气温是球根们的行动触发机关。球根植物需要在一段特定时间——既寒冷却又不低于冰点的天气（5℃左右最佳）——才能形成花芽。人们认为气温会影响植物体内刺激生长的赤霉素和生长素的激素水平。郁金香的花在夏末炎热的土壤中就开始形成，但只有在经历了一段寒冷的时间之后，才会在第二年春天开始生长（用栽培者们的话来说，就是低温将球根从抑制状态中"释放"了出来，激发它们生长）。其他一些球根植物，比如百合属，它们的花甚至要等到寒冷期结束之后才会开始形成（专业术语称为"春化现象"）。此时它们必须从零开始长出花朵，也许这就是百合开得比郁金香要晚的原因。但无论遵循何种模式，低温都是球根生长的一个重要因素。

冬花与夏花球根

　　在冬季或夏季开花的球根对于温度并没有那么精确的要求。例如小巧雅致、广受欢迎的纯白水仙（*Narcissus papyraceus*）所属的丁香水仙组，如果天气足够暖和，它们在秋冬都可能开花，并不需要低温的刺激。夏季开花的球根，如香雪兰和唐菖蒲，在植株进行了足够时间的光合作用、为开花积累了足够的能量后就会开花。

芳晖小苍兰
（*Freesia caryophyllacea*）

Q 什么是雨影区？

当一个地区因山丘或山脉阻挡了潮湿的盛行风而很少降雨时，它就被称为雨影区（rain shadow）。在炎热的地方，当阻挡来风的山脉很高时，就可能在雨影区形成一片沙漠。位于美国加利福尼亚州内华达山脉的雨影区中的死亡谷（Death Valley），是这种极端气候的一个典型，那里的年平均降雨量只有 6 厘米。

A 雨影区是因山丘或山脉的阻隔而很少降雨的地区。在某些气候条件下，雨影区可以起到有益的调节作用。在非常潮湿的地区，雨影效应促成的相对温暖、干燥的环境可能会受到园丁们的欢迎。

英国的威尔士提供了雨影区的另一个例子——一个对园艺友好得多的例子。威尔士的西部沿岸相当潮湿，非常适宜山茶、绣球、木兰和杜鹃的生长，但还有不少植物并不喜欢这种长年累月的潮湿：威尔士北部的斯诺登尼亚（Snowdonia）年平均降雨量接近 4.5 米——除了鸭子们，没有谁会觉得舒适。然而，到了威尔士山峦的背风处，进入伊夫舍姆山谷（the vale of Evesham），气候就变得温暖干燥很多，这给苹果酒产业、水果和蔬菜种植业都带来了很好的发展条件。

这有什么启示呢？如果你是一位园丁，想要寻找一个新的栽培地点，那么不要只看花园的朝向，也要注意调查当地的小气候。

◀ 茶梅（*Camellia sasanqua*），在潮湿地带兴旺茁壮，但在雨影区里则长得不太理想。

一棵树在一天之内会用掉多少水？

同其他植物一样，树木的内部运作并不需要很多水。它们从土壤中抽取的绝大部分水分被用在了蒸腾作用上——经由树叶散发水蒸气是光合作用的一个关键部分。树木每天需要的水量取决于若干因素。

地点和天气对一棵树所需的水量起着决定作用。周遭的空气越温暖、干燥，流动得越快，树就需要越多的水。与长期暴露在风中的孤树相比，森林里或城市的"钢筋水泥森林"包围下的一棵树需要的水分更少。

树比草"喝"得更多吗？

你可能会认为一棵树会比一片草坪需要更多的水，但实际上，所有生长在湿润土壤中的草木植被蒸腾的水量基本一样。

豪饮之士

树与树之间的差别很大，很难一概而论。但平均而言，一棵大树仅一天之内就能从土壤中抽取超过 450 升的水，可以说是"非常能喝"的生物体了。大部分的水被用于蒸腾作用，水分通过叶片被散发出去。即使在有经常性强降雨的地区，土壤中可能也未必总有足够的水可供大树这般"豪饮"。在树林和森林中，许多雨水被高高在上的树冠截住，直接蒸发回到了大气中。当树木对水分的需求得不到满足时，它们可以关闭叶片上的气孔，减缓蒸腾作用，从而减少水分散失。

为什么霜冻让有些蔬菜变得更好吃了？

过去，机智的菜农们往往并不急于采收他们的冬季块根作物，直到经历了几次严霜。他们知道，如果在霜冻之前采收，类似欧防风这样的蔬菜可能会有一种难嚼的口感和生淀粉的味道；而在霜冻之后，它们的味道则会变得非常甘甜可口——尽管个中缘由他们未必明了。

甘甜背后的科学

从蔬菜的立场上看，在寒冷的天气里把一部分淀粉转化为糖是有道理的，因为糖有助于防止细胞内的水分结冰。糖分子与蔬菜体内正在变冷的水分混合，阻止了水分子的上升和冻结：事实上，它们降低了蔬菜的冰点。因此，一棵欧防风体内的水分可能已非常冰冷，但仍然不会结冰。

蔬菜通常以淀粉的形式贮藏大部分的越冬养料；在寒冷的天气中，淀粉会被分解成糖，从而改善蔬菜的味道。

这种额外的甘甜在根菜和叶菜中都会出现，但原理并不完全一致。例如，抱子甘蓝的甜味被认为是因寒冷的天气减少了作物中存在的苦味化合物，而不是因为淀粉向糖的转化。

不过，并不是所有的冬季蔬菜都能抵御霜冻。在气温非常低的时候，甜菜、胡萝卜和芜菁等许多蔬菜，都需要覆盖一层秸秆来进行保护。

别让土豆挨冻！

马铃薯与许多作物不同，霜冻并不能让它们变得更好。受冻后的土豆会变成褐色，烹饪后有一种近似焦糖的不良味道。所以，一定要保护你的马铃薯植株免受低温伤害。

冬日里味道更佳的蔬菜

以下这些蔬菜不仅味道好，而且个个都有益健康。

卷心菜 大多数品种都能耐受极低的温度而毫发无伤，寒冷只会提升它们的风味。在健康方面，卷心菜富含维生素 A、B 和 C，以及抗炎微量营养素或多酚。

绿甘蓝

绿甘蓝和芥菜 两种易于种植的冬季绿叶菜，均富含维生素 A、K_1 和抗氧化剂。

芥菜

羽衣甘蓝 "超级食物"（superfoods）现在越来越多，羽衣甘蓝作为其中之一，比多数"超级食物"都更加名副其实。它含有丰富的维生素 K_1、A 和 C，抗氧化剂，以及人体制造蛋白质所需的全部 9 种氨基酸。

擘蓝（苤蓝） 一种即使在很冷的气温下也能迅速生长的蔬菜，是快速获得收成的保证。它含有高浓度的硫代葡萄糖苷，这种天然化合物被认为具有抗菌和抗寄生虫的特性。

擘蓝（苤蓝）

欧防风 或煮或烤，易于烹调，具有甜味和坚果的味道，含有特别丰富的钾、纤维素和维生素 C。

Q 沙漠中的植物如何生存？

　　尽管我们常用"沙漠"一词泛指任何炎热的不毛之地，真正的沙漠实际上是非常多样化的，从可能 10 年才下一场雨的贫瘠的茫茫沙石荒野，到气温相对温和、有定期稀疏降雨的比较肥沃的地区。而植物，作为随机应变的"机会主义者"，通过演化不断适应周围的环境，从而在大部分沙漠中都找到了立足之地。

A　　大部分沙漠中都生存着某种形态的植物，尽管有些地方对适应能力最强的植物而言也颇具挑战性。为了应对异常炎热干燥的生存条件，不同的物种会各显神通。

五片沙漠

　　以下五个例子可以说明不同的沙漠之间究竟存在多大的差异。

　　智利阿塔卡马沙漠（Atacama Desert） 异常干燥贫瘠，年平均降雨量只有 1 毫米，很多年完全没有降雨。这样的条件即使对植物来说也极具挑战性，只有几种仙人掌勉强在沙漠中的山丘上——这里略微凉爽潮湿一点——艰难求生。

　　南非卡鲁沙漠（Karoo Desert） 海拔高达 1000 米的沙漠，气温适中，冬季有 20 厘米的稳定降雨量。植物在春天迅速生长并结出种子，

种子从夏天到冬天都处于休眠状态，直到第二年春天再次迅速发芽、开花。

　　南非纳米布沙漠（Namib Desert） 是一片海岸荒漠，年降雨量只有 10 厘米。生存在这里的植物依赖于滨海雾气的凝结和季节性河道所带来的水分。

🔲 大花石薇花（*Cistanthe grandiflora*）是一种生长在智利阿塔卡马沙漠中的有花植物。

百岁兰（*Welwitschia mirabilis*）是纳米布沙漠中的一种灌木状的奇特植物。它一生只长两片带状的叶子，且这两片叶子会不断地生长延伸，长可达数米。

北美洲的索诺兰沙漠（Sonoran Desert）这片沙漠气候相对湿润，每年有 8~40 厘米的降水，集中发生在两个"潮湿"季里——夏天和冬天。这片沙漠中的植物种类比其他沙漠都要多，而且长得相对较大。

其中，最特别的要数富含树脂、闻起来名副其实的三齿团香木（*Larrea tridentate*），以及根系浅而宽广、适于收集微量降水的巨人柱（*Carnegiea gigantea*）。

印度与巴基斯坦之间的塔尔沙漠（Thar Desert）不同寻常之处在于人口稠密。这里有季风性降水，季风季节中的夏末时段降雨量可达 10~50 厘米。此处最常见的植物是牧豆树（*Prosopis cineraria*），它的根扎得异常地深，对地下深处的咸水有着非凡的耐受性。

植物应对沙漠环境的 5 个绝招

沙漠植物的生存策略包括：

- 快速吸收大量水分和湿气的能力。

- 拥有一层有保湿作用的蜡质表皮。

- 防御策略，比如仙人掌身上的刺，用以阻止同样渴望水分的动物们的取食。

- 采用"节水版"光合作用，即气孔只在夜间开放。

- 在异常恶劣的季节进入休眠状态，在天气条件改善时又重新恢复生机的能力。

Q 被雪覆盖的草如何生存？

天气非常寒冷时，草坪草常变成黄褐色——它们的叶子不是被低温杀死，就是被风吹干，而土壤冻结后，根部无法补充流失的水分。虽然这会令园丁们感到沮丧，但枯黄的草坪只是暂时的：每片草叶的基部都存在着具有活力的生长区，一旦有机会就会重新开始生长。

A 雪实际上为草坪提供了保护，如果雪不是很深的话，还可以透过一些光，让草得以进行光合作用。如果寒冻与暖融都是渐进而非突然发生的，那么即使被埋在很深的积雪之下，草通常也能够存活下来。

利

雪有隔热作用，缓和了气温的骤变。否则，当气温上升后又骤然下降（比如发生"倒春寒"），任何植物都可能受到严重的伤害。

落地之后未被压实的雪含有充足的空气，所以积雪并不会像积水那样把草"闷死"或"淹死"；不过，被雪覆盖的草并不会有实际的生长，因为气温毕竟太低了——只有当温度升至大约 4℃以上时，草的生长机能才会被触发。

草依靠什么来御寒呢？和另一些植物一样，草坪草的细胞中含有以糖的形式存在的抗冻剂。糖与降温的水分混合，阻止了冰晶的形成。水分结冰会发生膨胀使植物细胞破裂，因此，糖可谓是稻草们的"救命稻草"了。

弊

　　尽管雪对草具有一定的保护作用，但并非只有积极有益的影响。雪层下的二氧化碳浓度会增加，进而增强真菌的活性，让草更容易感染疾病；当雪融化时，融雪形成的泥浆会令草变得脆弱。农民们很清楚这一点：许多草料场会选址在小斜坡上，以确保多余的水被排走，避免牧草受到损害。

　　还有一种叫作"雪霉"的现象，即在雪后，草一小片一小片死去或者变得枯黄并且不断蔓延，直到更加干燥温暖的天气来临，健康的新草才开始生长。这一现象是由两种特殊并且名号响亮的真菌——肉孢核瑚菌（*Typhula incarnate*）与雪腐格氏霉（*Monographella nivalis*）——引起的，它们都是乘虚而入的"机会主义者"。

休眠播种

　　在寒冷的地区，一些园丁会在深秋下雪之前播种草籽来"更新"他们的草坪或修补草地上的秃斑，这就是所谓的休眠播种（dormant seeding）。据说这种方法效果不错，种子可以立即从雪化后潮湿温暖的环境中受益，并在鸟类把它们当成零食之前就开始发芽。

^Q为什么树叶会在秋天变色？

　　随着冬季临近，树木接收到白昼变短与气温下降的信号，开始采取措施储存能量。树叶中的营养物质，特别是叶绿素，被分解并输送回树干和树根，以避免在冬天受到伤害；而另一方面，树木吸收的无用或有害的杂质，比如硅和痕量金属，则被转移到树叶里，随叶片飘落。

秋叶的"调色盘"

　　当树叶中的叶绿素被输送回树干和树根时，其他色素便开始发挥作用，令叶子呈现出秋天特有的丰富色彩。黄色来自胡萝卜素和叶黄素，红色和紫色则由花青素和留存于叶片中的糖分混合而成。残余的叶绿素与花青素结合起来，能够在温暖的气温和阳光的作用下创造出灿烂的色调。这就是为什么阴冷天

　槭属的树木多有华美的秋叶。

气笼罩下的欧洲的秋季无法形成像美国新英格兰那样艳阳高照下的绚烂色彩——大洋彼岸的秋色以美艳著称。

叶子呈绿色是因为叶片中的主要色素是叶绿素。冬天,树木储存能量的方式之一是将叶绿素和其他营养物质转移到树干。

"毛毛虫"的伪装

对于被统称为"毛毛虫"的蝶与蛾的幼虫来说,秋天可能是个坏消息。许多毛虫已演化出了精巧的保护色,能与寄主植物夏季的叶片融为一体;还有些毛虫,如美国桦尺蠖(*Biston betularia cognataria*)的幼虫,还能调整它们的伪装,使之不止匹配单一的寄主。这种特殊的毛虫变化多端,能让自己隐身于至少 13 种不同的寄主树木。更令人惊奇的是,不同于有些毛虫需要通过摄入某种特定的食物方能实现体色的变化,桦尺蠖的幼虫只需看到寄主的颜色,就能主动改变体色与之匹配。

不过,到了秋天,情况发生了变化。由于某些原因,毛虫们似乎无法模仿秋叶多变的明亮色彩。一旦伪装失败,毛虫对捕食性昆虫和鸟类来说就变得一目了然。有些毛虫还有二级防护——要么用艳丽夸张的体色将"我不好吃!"的事实昭告天下,要么在少有捕食者活动的夜间才出来觅食。不过,在秋天到来的时候,聪明的桦尺蠖就已经结茧化蛹了。

桦尺蠖(*Biston betularia*)寄生于桦木属(左图)与柳属(右图)树木上的幼虫

为什么植物不在冬天开花？

如果要你说出最喜爱的花的名字，你脑海里浮现的绝大多数花都会是春天和夏天看到的。不过，再仔细想想，你就会发现还能说出不少花——铁筷子、雪滴花、郁香忍冬——是在冬天开放的，假若没有它们的装点，冬天的花园会显得空空荡荡。

冬花还是夏花：利与弊

对一些植物来说，在冬季开花有着明显的优势。风媒传粉的植物可以利用冬季多风的天气和落叶树在冬日里光秃秃的状态——枝繁叶茂时它们可能成为花粉御风飞向雌花的障碍。

对于依靠昆虫传粉的植物而言，冬季开花是规避激烈竞争的一种方式。如果在夏天开花，它们就不得不在气味和颜色上投入可观的资源，开出有吸引力的花朵，在百花丛中争芳斗艳。夏季开花的植物可能会选择特定的传粉者，而冬季开花的植物却不会挑挑拣拣——任何路过的昆虫，无论是蜜蜂、甲虫还是苍蝇，能传粉就行。冬花植物的种子需要在早春较为寒冷、阴沉的条件下成熟，但这也能让它们占得萌发上的先机——抢在较晚结籽的春花和夏花植物之前早早地抢占生存的地盘。

从秋天到早春都会有雪滴花属（*Galanthus*）的植物开花，每一个种都有自己特定的花期。

尽管花儿仿佛专属于春天和夏天，但的确有不少植物在冬天开花，它们这样做有许多理由。

一棵树在黑暗中能存活多久？

我们从外界选择并摄取食物，但树木却必须通过光合作用自己制造食物，这个过程依赖于光和水。尽管在黑暗中呼吸作用仍会继续，但光合作用却无法进行；没有了光合作用制造食物，树终将慢慢死去。

饿还是渴？

我们都知道动物在死于饥饿之前可能很早就会死于干渴，植物也一样。水是当务之急，而食物则是长远的需要。如果将一棵落叶树置于黑暗之中（只是一个假设，据我们所知尚无这方面的实验），它会将体内的养分资源输送到根部并迅速地落叶，就像进入了冬季的半休眠状态那样。树的上部，大部分是坚硬的木材，它们自身无生命活动但包裹着一层输送水和养料的活细胞，在黑暗中对营养的需求非常低。

上部进入休眠状态后，树将依靠根来延续生命。如果树周围的环境黑暗并且寒冷，其根部的活动也会受到抑制，树的潜在存活时间就将有所延长。大树的养料储备相对更多，也许能让它们在没有光合作用的情况下存活数年，但由于生产食物的途径被阻断，它们终究会被饿死。

置身黑暗之中的树木无法为自己制造食物，因此最终会被饿死。这个过程需要多久取决于树木储备了多少糖，以及水的可用性。

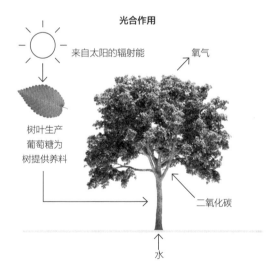

光合作用

来自太阳的辐射能

氧气

树叶生产葡萄糖为树提供养料

二氧化碳

水

池塘结冰后青蛙怎么办？

英国土生土长的青蛙能够很好地适应气候，并且在花园中扮演着重要角色——它们以昆虫为食，有助于控制花园中害虫的数量，同时自身又是鸟类和蛇的捕食对象。乡间开放式的池塘已经变得越来越罕见，所以花园池塘成了青蛙的宝贵家园——但它们在寒冷的冬天是如何生存的呢？

青蛙的冬天

林蛙（common frog）是英国最常见的一种蛙。冬天，青蛙新陈代谢减慢，为自己节省能量，但它们仍需要一些氧气，在不太冷的时候可能还会四处游动。青蛙的生存有赖于池塘的深度——假如池塘深度超过 45 厘米，池水结冰一般不会深及底部的淤泥，也就不会影响到青蛙。如果池塘又小又浅，并且整个都冻住了，冰就可能阻碍氧气在水中溶解，导致生活在池塘底部的青蛙窒息，而又大又深的池塘就不存在这样的问题。如果你有一个池塘，一段长时间的寒流让你担心青蛙的安危，你可以按下面的方法操

青蛙有时在陆上过冬，在原木堆、石头缝或枯叶层里冬眠。当它们在水中越冬时，会待在池塘底部的淤泥层附近，因为那里仍有氧气可供呼吸。

普通青蛙或林蛙（*Rana temporaria*），英国常见并广布于欧洲。它能在冬天减缓新陈代谢，从而节省能量。

冰雪奇蛙

在更为寒冷的地区，青蛙的麻烦要更大一些。在严冬苦寒属于"标配"的美国部分地区，一些陆生蛙类，如北美林蛙（wood frog），会找一个安静的角落越冬。它们任由自己被冻起来，春回大地时解冻"复活"，毫发无伤。但对于大多数生物来说，这是不可能的。每种动物的细胞都含有大量的水，水在结冰时会膨胀，导致细

北美林蛙（*Lithobates sylvatica*）

胞破裂。不过，北美林蛙已在演化中解决了这个难题：一方面，它们的细胞膜弹性极佳，足以承受冰冻时水分的膨胀；更厉害的是，它们体内关键器官的细胞含有超高浓度的葡萄糖，能够从根本上防止冻结。隆冬时节的北美林蛙看起来就像是完全冻僵了——既不呼吸，也没有心跳——但春天到来时它会解冻，奇迹般地苏醒过来，恢复生气。

作：每周一至两次，将一锅热水放在池塘的冰面上，直到冰面融化出一个洞。这么做可以确保有足够的氧气溶解在冰层下的冷水中，满足青蛙们相当有限的需求。

◩ 豹蛙（*Lithobates pipiens*）在池塘和小河底部冬眠，能够挺过加拿大和美国的严冬。

第5章

花园之中

Q 怎样防止蜘蛛进入棚屋？

　　全球有 4% 的人患有蜘蛛恐惧症，除非你是其中一员，否则最好的策略还是学会与蜘蛛共享空间。它们是食物链上占有重要地位的奇妙掠食者，既能抑制各种害虫，又能为鸟类和其他野生生物提供食物。

A　　如果你的态度相当坚决，可以用有机硅密封胶把整个空间封死，如此一来就可以将蜘蛛拒之门外了。不过，拒绝为一些"对社会非常有用"的生灵提供一个过冬的栖所，似乎太过冷酷无情。

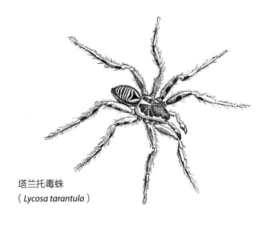

塔兰托毒蛛
（*Lycosa tarantula*）

　　即使你不害怕蜘蛛，到了它们繁殖高峰的秋季，你也可能会发现它们的数量多得有点过头了。随着气温的下降，它们会钻进室内。花园棚屋往往比隔热良好的住房有更多的缝隙，那里的蜘蛛可能会泛滥成灾。如果你不想花很多时间用密封胶对棚屋细细封补，那么可以考虑考虑下面这些传统的"驱虫大法"。

　　民间传说蜘蛛无法忍受七叶树的果实或者核桃的气味，你不妨摆上一碗试试；更离奇的说法称蜘蛛会远离蓝色，所以你可以用天蓝色油漆重新刷一遍棚屋；比较靠谱的

说法是气味浓烈的精油，如香茅油或薄荷油，可以防治蜘蛛。虽然这也没有确凿的科学证据，但亲手试试便知分晓。

　　最后一种方法，你可以用"大部分英国蜘蛛都对人类无害"这一事实来安慰自己（如果你不是正巧在澳大利亚的话）。在大洋洲，毒蜘蛛伤人事件非常频繁，而且确实会造成严重伤害。在澳大利亚和新西兰，人们的确需要认真做好棚屋的密封工作。

花坛与花境有什么区别?

大部分人心目中的人工花园都是以花坛为典型特征的——即使是传说中的巴比伦空中花园,据说也是以"规则的组合种植"为特色;早在古罗马时代,富有的别墅主人以他们拥有的植物为荣,花坛就已经成为花园的一个重要组成部分。事实证明,花坛经得起潮流兴衰的考验:它们在今天的花园中依然颇受欢迎。

花坛(bed)可以指任何用来栽培植物的地块;而花境(border),正如其名称所提示的,是沿着某些环境景物(无论是一堵墙、一条小径还是一道篱笆)的边沿设置的条带状的花坛。

花境的长度纪录由苏格兰的德尔顿城堡(Dirleton Castle)保持,长达215米——这一长度令人惊叹。

虽然现代花园中的花坛在形式上灵活多变,但在 17 和 18 世纪,它们通常只是整个大型园林景观的组成部分,一个个精心塑造的花坛规整地组合成一套大致对称的图案。20 世纪初以来,花坛的风格不再那么固定,它们会被安置在草坪当中或小径之间。花境的传统形式通常以墙或树篱为典型的背景依托,呈带状,最好还要有一定的纵深,以便更好地展示高低错落、色彩丰富的各种一年生与多年生的草本植物。

草原式栽植

花坛虽无过时的迹象,但人们的种植习惯确实在改变。人们在花坛与花境里越来越多地栽种能够自我维持的植物聚落,这样就不需要在除草、施肥、立桩和分株上费时费力地劳动。模仿天然多花草原的草原式栽植(prairie planting)时下非常流行,只需要在春季对植物进行重度修剪,除此之外它们极易养护。

是谁发明了花园地精？

无论你喜欢它们还是讨厌它们，这些俗气的小形象都有着深厚的历史渊源。人们对怪诞乃至淫秽露骨的花园雕塑的喜爱可以追溯到古罗马时代。17世纪，这种时尚传到了德国，但直到18、19世纪，这些形象才逐渐定型，成为我们今天所熟悉的花园地精（garden gnome）。

从黑森林到不列颠郊野

德国的地精与黑森林的民间传说有许多关联，也许正是出于这个缘故，它们的形象往往被描绘成带着镐头和铁锹的矿工。随着19世纪黑森林旅游业的发展，这些形象的花园地精开始作为纪念品被游客们带回家，花园的主人也开始收集它们。虽然进口它们的风潮曾因第一次世界大战和随之而来的反德情绪而逐渐消退，但是现在这一时期制造的花园地精已经成为抢手的古董，标价相当高。

时尚默默地延续流传，地精渐渐地成为寻常英国花园中的普通装饰品；一些作坊工场建立起来，专门用耐风雨的水泥制作地精。20世纪50至60年代是花园地精的鼎盛时代，它们常被布置成一个个静态的场景，地精的主人们充分发挥创造力，对来自自命不凡的批评者们的"品味粗俗"的指责不屑一顾。痴心不改的花园地精收藏家依然存

今天的花园地精最早的"祖先"是在德国制造的，而且当时它们是以彩绘陶器甚至是瓷器的形式精心制成的高档货——这或许令人惊讶；它们也比今天的"后嗣"要大得多，通常高度在 1 米左右。

绑架地精、劫持它们勒索赎金是当代一种搞笑式的犯罪。

在：2012 年，英国德文郡的"花园地精保护区"（The Gnome Reserve）展出了 2042 件藏品，这一数字险胜了英国林肯郡的一位收藏家——他 2015 年去世时拥有 1800 多件"小人儿"。虽然花园地精的"正经"用途可能已经衰颓，但在许多花园中，它们依然作为带有戏谑意味的装饰品而受到欢迎。

贵族血统

据说，今天这些平价的、小巧快活的英国花园地精是 19 世纪 40 年代由查尔斯艾沙姆爵士（Sir Charles Isham）进口的一批德国彩绘陶俑的直系后代。艾沙姆爵士是英国北安普敦郡兰波特庄园（Lamport Hall）的主人，在那里，这批地精被摆放在一个特别设计的岩石花园中，以便更好地展现它们的魅力。（岩石花园现在仍然对游客开放，但当时的地精原件仅有一只留存了下来，人们把它称作"Lampy"。）不幸的是，"贵族出身"并没有让花园地精的后代受到切尔西花展（RHS Chelsea Flower Show）的宠爱。切尔西花展在其一百多年的历史中一直封杀花园地精——这项禁令曾在 2013 年短暂解除，但又于次年恢复。

为什么有的植物蛞蝓会吃，有的则不吃？

是什么让一些植物成为蛞蝓的最爱，而另一些它们却碰也不碰？是植物的叶子必须具备某些特点，还是蛞蝓的口味会随着天气或时节的变化而变化？最重要的是，有没有完全不吸引蛞蝓的园艺植物呢？

许多园艺植物都在蛞蝓的食谱里，但它们最喜欢幼嫩、多汁、柔软、营养丰富的叶子，这些嫩叶尚未长成革质，也还没来得及产生任何防御性的化学物质。

防卫蛞蝓的战斗

园丁眼里长得最好的那些幼苗，也往往正是蛞蝓们的最爱。一些植物有能力发展自身的防御机制，但你也可以采取一些措施帮助它们击退那些黏糊糊的食客。不少植物利用化学物质令自己的味道对蛞蝓来说变得难吃，这就是所谓的化学生态学（只是这一机制通常要等到植物的幼苗阶段结束之后才开始发挥作用）。以土豆为例：一些品种的表皮中含有比其他品种浓度更高的有毒化学物质生物碱（多数土豆品种或多或少都含有生物碱），与那些生物碱浓度水平较低的品种相比，它们受到蛞蝓危害的可能性会小得多。一般来说，如果有更软的东西可嚼，蛞蝓也不会喜欢非常多毛或者质地粗糙的叶子。

除了植物自身的化学防御机制，鸟类是蛞蝓最大的天敌。因此，如果用食物和水吸引它们造访花园，鸟儿也会回报花园主人的恩惠，帮忙减少些蛞蝓的数量。

园丁们可以通过盆栽的方式避免植物幼苗变成蛞蝓的美餐。只要将花盆置于花园中的"安全"区域（比如放在一块铺有园艺用粗砂的区域或温室当中）就可以轻松御敌，待植物成长到经得起蛞蝓的啃食后再移栽定植到外面。

还有最后一招，你可以将天然抑制剂喷洒到叶片上——大蒜液或氯化钙溶液都是有效的，氯化钙特别苦，而蛞蝓似乎不喜欢大蒜。不过，与植物自身生产的化学物质不同，这些用水淋到叶子上的防护剂会被雨水冲走，所以，下雨后需要重新施用。

蛞蝓喜欢的十种植物和蛞蝓讨厌的十种植物

在设计你的花园时，下面这个清单值得参考——与其眼睁睁地看着蛞蝓吞噬所有你最爱的植物而心痛，不如事先规划，避免这类情况的发生。

蛞蝓喜欢的植物：

- 芹菜
- 玉簪
- 生菜
- 矮牵牛
- 荷包豆
- 郁金香
- 大丽花
- 翠雀
- 非洲菊
- 豌豆

蛞蝓讨厌的植物：

- 蛤蟆花
- 柔毛羽衣草
- 岩白菜
- 荷包牡丹
- 毛地黄
- 倒挂金钟
- 天竺葵
- 虎耳草品种（*Saxifraga × urbium*）
- 旱金莲
- 毛蕊花

玉簪

Q 什么食物能做出最好的堆肥？

这应该不是你经常会考虑的问题，因为根据定义，堆肥中的人类食物只能说是剩饭剩菜——没有人会纯粹为了他们的堆肥箱购买食物。

A 即使是人类饮食残余中很适合堆肥的那些东西——厨余菜叶果皮等——如果达到了一定的量，也可能因氮含量过高而帮了倒忙。这时，就需要再掺入大量干燥的秸秆类原料，才能得到配比均衡、疏松而不潮湿的堆肥。

制造堆肥的其他方法

如果你不想拿"主"堆肥箱的堆肥均衡性冒险，还有些办法也可以确保厨余剩菜不被浪费。你可以使用专为食物残余而设计的小型堆肥箱，它们产生的堆肥虽然不多，但可能品质很高。这类堆肥箱结实，防鼠，带有网格状镂空的底板：空气能在箱内自由流通，腐烂过程进行得很快，而且——由于不存在厌氧分解（或者说不通风状况下的腐败）的缘故——没有什么异味。液体废物会透过底板上的网格流到箱子下的土地上，土壤中的细菌会处理它们。

如果你不喜欢厨房里一直有个堆肥桶的话，那么使用波卡西（Bokashi，来自日语"ボカシ"，指"发酵过的有机物"）堆肥桶可以确保你在室内环境下不见垃圾、不闻异味就能得到少量的厨余堆肥。在使用波卡西堆肥桶时，你需要加入精心挑选过的专用微生物和真菌，然后密封，这样就可以高效快速地分解厨余垃圾了。

在困难时期，人们会把削下的土豆皮种在地里。土豆皮上的"眼"（芽）会长成新的植株。

尿对植物有好处吗？

　　许多希望贯彻"可持续"理念的有机园艺实践者用自己稀释后的尿液来浇灌自家花园，并宣称效果不错。以人尿为肥料种出来的蔬果虽然不至于存在可疑的味道，但是尿对植物真的有好处吗？

　　出于健康方面的考虑，我们不推荐在家庭花园中使用人粪当肥料，但健康人的尿液中并不含有任何潜在的有害肠道细菌，如大肠杆菌等。

　　着眼于更大的尺度，选择使用这种简单、低成本肥料的农民的经验是积极的，他们能够得到良好的收成和健康的土壤。不过，国际上对于愈发广泛地收集和分发尿液的做法并没有多大热情：粪尿分离式厕所的技术虽然存在，但很遗憾，它往往无法同现有的官方建筑规范或卫生规范相协调。

　　人尿中含有氮、磷和钾。据报道，一名成年人一次排出的尿液中含有 11 克氮、1 克磷和 2.5 克钾。这使得人尿成为一种养分均衡、有潜在价值的肥料。

　　在粪尿分离式厕所比许多国家更普及的瑞典，人们使用专门的储尿罐收集并暂存尿液。到了春天，这些储尿罐会被排空，让尿液流进农田，滋养庄稼。

堆肥堆里加点尿？

　　在堆肥里添加尿液其实不无裨益。额外的氮可以加速木质的、富含碳的物质的腐烂，钾、磷（在相对较小的程度上）也能提高堆肥最终的营养含量。堆肥中存在的微生物会很快使尿液变得无害。不过，如果堆肥有变得过湿的倾向，就需要额外添加秸秆以保持混合物的配比，让整个过程富有成效。

Q 为什么草坪上会长苔藓？

苔藓非常适应在潮湿、阴凉的地方生长。强健的草坪草虽能通过霸占阳光和土壤中的水分遏制苔藓生长，但如果草坪遭到践踏，土壤由于受压变得紧实，结果将对苔藓有利——苔藓会趁机迅速蔓延，接管草坪。

A 苔藓与草坪草的繁盛，所要求的环境条件不同。如果天气潮湿，而且草坪被重度使用，苔藓就有机可乘，成为草坪的重大威胁。

□ 在排水不畅，光照条件不佳，无法满足其他植物生存要求的地方，大自然的画笔就会轻轻地将苔藓"抹"上。

许多园丁，尤其是那些喜欢大片平整、翠绿色草坪的园丁，都在与苔藓打着一场持久战。他们采用的战术包括给草坪"打眼儿"让土壤通气（顾名思义，就是用实心的锥子在地上扎出许多坑，或者用空心的锥子凿插、提带出一些土壤），以及给草坪草补充养料帮助它们战胜对手。苔藓偏爱酸性的土壤，所以逆其道而行之，给草坪施加石灰提高土壤的碱性，有助于抑制苔藓、促进草的长势。

如果你不能打败它们……

苔藓通过孢子繁殖扩张——哪里环境适宜生长，苔藓就会在哪里安家落户。在气候潮湿的地方，许多花园都会有一些背阴区域很难或完全不可能为草的生长创造良好条件。这种情况下，园丁不如认命，索性培养苔藓而不是草来创造"草坪"。这意味着园丁采取一套相反的策略：在苔藓坪上，草才是"杂草"，需要

金发藓（*Polytrichum commune*）分布广泛，有着迷人的繁星般的绿色叶子。

用针对性的除草剂加以抑制（苔藓本身对大部分除草剂免疫）。虽然无须施肥、修剪，但苔藓坪必须保持潮湿才能茂盛。苔藓与草坪一样经不起践踏，所以一块成功的苔藓坪应当有条踏步石小径，能让人在其间穿行而不造成损害。

苔藓：了不起的生存大师

苔藓虽然是植物，但它们既没有根，也没有输送水分的内部管道。这意味着大部分种类的苔藓往往生活在潮湿的环境中，依赖水来进行繁殖。虽有这些局限性，但苔藓非常善于利用对其他植物而言土壤太少（比如屋顶）或光照不足（比如阴暗的林地）的环境，给看似难有生机的地方添上了一抹绿色，在园林多样性中也贡献了自己的价值。尽管在持续的干旱中它们会干透变得枯黄，但当雨水再次降临时，苔藓能迅速吸收水分，在几个小时内"起死回生"。干燥的泥炭藓能够吸收 20 倍于自身体积的液体，出色的吸水性令它在第一次世界大战期间成为一种颇受欢迎、不中看但中用的伤口敷料。

尖叶泥炭藓（*Sphagnum capillifolium*）

蛞蝓和蜗牛有什么区别？

蛞蝓和蜗牛有许多相似之处：它们都是软体动物（这一类群还包括贝类），而且都只能在潮湿或多水的地方生存。这两种动物几乎所有的花园中都大量存在，这些不速之客有时甚至会泛滥成灾。其实，蛞蝓和蜗牛的生活方式迥然不同。

蛞蝓和蜗牛的日常

在炎热的天气里，为了避免失去水分，蜗牛会找一处隐蔽的角落，躲进自己的壳里；蛞蝓则会凭借"设计出色"的身体，钻进或挤进土壤里。这就是为什么白天你在花园里能看到的蜗牛要比蛞蝓多得多。等到天黑之后拿着手电筒再去看看，你就会发现蛞蝓已从地下的"掩蔽所"里爬了出来，而且数量和蜗牛一样多。

蜗牛虽然喜欢待在潮湿、有遮蔽的地方避开阳光，但是它们也能趁着雨天爬得很高——在一棵高大而美味的植物的最顶端发现它们，一点儿也不稀奇。

蛞蝓和蜗牛都会利用黏液来避免自己被捕食者吃掉。它们可以大量分泌黏液，许多动物对这玩意儿都很厌恶。

一目了然的区别是蜗牛有壳而蛞蝓没有。蜗牛可以把壳当成自给自足的庇护所，而蛞蝓则不得不另寻躲藏之处——这使得它们习惯于长时间地待在地下。

蛞蝓解剖学

乍一看，蛞蝓也许只是一坨不成形的、黏糊糊的东西，但其实它们的解剖结构格外精致。

头部有两对可以伸缩的触角，一对是蛞蝓的"眼睛"，另一对可以看作是它的"鼻子"。口部有很厚的嘴唇，进食的时候向内缩回；口内长有齿舌——一种舌状的器官，上面覆盖着一排排粗糙的牙齿，在蛞蝓吃东西时，这些牙齿足以锉下叶片的表层。口部后面是一个粘液腺，分泌的黏液有助于蛞蝓爬行。

外套膜由比身体其他部分更厚的皮肤构成。这里还包含了蛞蝓的呼吸孔——外套膜右侧的一个小洞，通过开合让空气进出。和人类一样，蛞蝓也有膈膜，它是位于呼吸腔基部的一片肌层，可以吸入和排出空气。一旦遇到威胁，蛞蝓可以将身体的其他部分缩到具备一定防护作用的外套膜下面。至于蜗牛，它们的外套膜则为蜗牛壳所覆盖。

体腔在外套膜下面，里头装着蛞蝓的大部分脏器：心脏、肾脏（只有一个）、消化系统和生殖系统。蛞蝓是雌雄同体的：需要交配时，它们会"缠绵"在一起，通过伸出的生殖器交换精液。

足部实际上包括了蛞蝓的整个腹侧部分。它几乎完全由肌肉组成：收缩和放松就能使蛞蝓前进。蛞蝓只能朝着一个方向行进——不能"开倒车"。

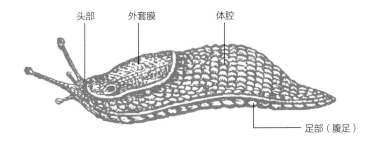

头部　　外套膜　　体腔

足部（腹足）

Q 冬天里蜂类跑哪儿去了？

这完全取决于蜂的种类。在一个寻常的夏天，一个普通的英国花园会有 6 到 10 种不同的蜂类造访。这里面通常包括聚居在蜂巢里的蜜蜂、以小蜂群形式生活的熊蜂，以及独居蜂（顾名思义是个体独自营生的蜂）。

熬过寒冷的季节

蜜蜂在冬天需要食物，它们要么吃一点蜂窝里储存的蜂蜜，要么，如果蜂蜜被取走，它们会取食养蜂人饲喂的越冬饲料或糖浆。在寒冷的气温下，聚集在一起的蜜蜂们会震动翅肌取暖。

与蜜蜂不同，熊蜂生活在地下的巢穴中，蜂群中多数是不能生育的雌性的工蜂。随着冬天的临近，有繁殖能力的雌性和雄性孵化出来并离开巢穴。夏天结束时，被遗弃的蜂群中不育的雌蜂将会死去。蜂后离开巢穴后不久就会交尾，此后雄蜂也会死去。这时受孕的蜂后已摄入足够的营养，可以安然度过冬天。它们会独自躲藏在地下，休眠等待春天的到来。

独居蜂既没有蜂群可以依靠，也没有蜂巢可供藏身。这些高效的小型传粉者会藏在坑道孔洞中熬过冬天，随着天气转暖在春天现身，开始一轮摄食与交配的循环。

A 冬季，蜜蜂会待在蜂巢里，聚集在一起取暖；熊蜂蜂后会独自栖身于地下；而独居蜂则会躲在自己找到或建造的庇护所里过冬，直到气温回暖。

意大利蜂 / 西方蜜蜂（*Apis mellifera*）

草坪一定要使用禾草吗？

听到"草坪"一词时，我们首先想到的当然是草。无论是嬉戏娱乐，还是闲逛休憩，草都是一种很理想的地表铺垫。经过演化，草适应了食草动物的啃食，也使草坪相对容易维护（符合草地滚球等运动要求的专用草坪仍需要精心照料）。

两种传统的替代选择

在过去至少 4 个世纪里，果香菊草坪一直受到大西洋欧洲（Atlantic Europe，是一个植物地理区系概念）的青睐。果香菊（罗马洋甘菊）（*Chamaemelum nobile*）是一种低矮的多年生常绿植物，叶呈深绿色，揉碎后气味香甜，但果香菊草坪经不住太多使用——如果人们经常从中穿行，就需要设置一些踏步石。矮生无花的果香菊品种"Treneague"最适合应用于草坪。

车轴草（clover，俗称三叶草）草坪特别容易种植，因为许多车轴草属植物具有天然的匍匐习性，对动物啃食和人工修剪有一定的耐受性。车轴草还有一项很大的优势，

草坪草（以禾草类为典型）并不是唯一能够营造草坪景观的植物——其他低矮的植物也能达到效果。不过，这些替代品虽然很漂亮，却往往不如禾草那么皮实。

就是天然的可持续性——它们能从空气中收集氮元素，所以种植这种草坪只需要再补充一点点磷肥和钾肥就行了。它们主要的缺点是，某些害虫和疾病会令土壤环境变差，使之无法再支持车轴草健康生长。

由于生物多样性的缺乏以及在施肥、修剪和浇灌方面付出的高昂环境成本，禾草类草坪近来也受到了诸多批评。未来，园丁们也许会转向一种替代方案：改用能够吸引野生动物、促进生物多样性并且可以粗放管理的低矮植物多元组合草坪。

低矮、垫状丛生的百里香属植物，如亚洲百里香（*Thymus serpyllum*），能够形成芳香的、开花的迷人草地。

鸟儿最喜欢吃什么？

　　一只鸟最喜欢的食物是什么？如你所料，答案取决于鸟的种类。英国鸟类学基金会（British Trust for Ornithology）做了一些研究，揭示了各种食物在满足不同鸟类的不同偏好及其随季节而变化的需求上的价值。

全凭一张嘴

　　类似蓝山雀（blue tit）那样的细窄短小的喙非常适合捕捉昆虫，而麻雀短而宽的喙则专为拣出种子和谷粒，并嗑开外皮而设计。还有一些鸟，比如椋鸟，它们的喙使用^{liáng}起来就像是装了弹簧，在吃饭这件事上特别灵活。当土壤又软又湿时，它们会把喙插进泥土再张开，在地上打开一个小口，然后向里窥探，看有没有蚯蚓或虫子可供享用；到了冬天地面变硬，"啄泥大法"不便施展，椋鸟就转而以浆果、坚果和谷物为食。

　　园林中的野生鸟类（鸸鹋、秃^{ér miáo}鹫之类的可不属于我们的讨论范围^{jiù}）食谱十分丰富。尽管鸟类为了生存对食物不能过于挑剔，但你可以通过它们喙的形状发现它们最偏爱的食物的线索，那是漫长演化的成果。

款待鸟儿的美食

　　考虑到它们极高的天赋与强大的觅食技能，鸟类"餐桌"上丰富的菜式也就不足为奇了。可供用来款待鸟儿的美食包括葵花籽仁（比带壳的"瓜子"更容易吃，富含油脂和蛋白质）、黄粉虫的幼虫（俗称"面包虫"，可以在宠物店买到活虫或虫干）以及鸟饵球（一种混合了脂肪和种子的美味，很少有鸟儿能抵抗住它的诱惑）。

家麻雀（*Passer domesticus*）

如何制作鸟饵球

根据需要自己制作鸟饵球（最好用料新鲜，随做随用），你就可以期待各种各样的鸟儿造访你的花园了。

你需要准备以下原料：

- 以下全部或任一干配料：无盐花生仁、加那利藨^{yi}草籽（canary seed，也叫金丝雀藨草籽）、水果干、面包虫干（可以在宠物店买到）、木斯里什锦麦片（muesli，主要成分是谷物、碎果仁、水果干等）、生燕麦片、葵花籽仁、碎核桃仁

- 猪油或牛油

- 塑料容器或空酸奶杯（选用壁薄的容器，方便从做好的鸟饵球上剥离）

- 细绳

制作步骤：

1. 在塑料容器底部钻一个小孔，孔的大小要让细绳刚好穿过。

2. 剪取长 1 米左右的细绳，将绳的一端打结，另一端从容器底部外侧穿过小孔，然后拉紧。

3. 在锅里放入猪油或牛油，用小火加热融化。

4. 把锅从火上拿开，然后加入干配料。边加边搅拌，直到脂肪将干配料粘合成块。

5. 将拌好的混合物填入容器，并将细绳固定在容器中间，填好后置于冰箱中冷却固化。

6. 混合物固实变硬后，剖开塑料容器，取出鸟饵球。

7. 用细绳把鸟饵球悬挂在你的花园里。

花生仁

面包虫干

Q 为什么堆肥会发热？

一个有温度的堆肥堆便是一个"快乐的"堆肥堆：热量有利于堆肥，能够加速成熟。正如木头在火中燃烧一样，木质材料的分解会释放出能量，只不过堆肥的"燃烧"不仅要慢得多，而且是生化性质的——是微生物分泌的酶在起作用，而非直接的燃烧。

幸运的是，堆肥堆通常不会热到真的燃烧起来。堆肥成分的正确混合配比，对于确保堆肥效率并得到良好的结果来说至关重要。秸秆和落叶在堆肥堆或堆肥箱里都表现得很好，应当避免过多的木质材料。堆肥混合物需要一些水分和一些氮来运转：最佳的混合比例通常是 20 至 30 份的碳需要有 1 份氮（干草天然就含有近似的比例，因此是堆肥很棒的添加物；秸秆的成分中碳与氮的比例大约是 80∶1；草坪剪下的草屑的碳氮比则大约是 19∶1）。混合良好的堆肥原料——任何一种成分都不过量——往往能产出最好的堆肥，而如果把所有东西都同时放进堆肥堆或堆肥箱，会有助于保持堆肥的热度。如果堆肥的进程看起来非常缓慢，你可以挖起整个堆肥堆或清空堆肥箱，把原料充分混合

A 微生物作用于堆肥中富含碳的有机物时会产生热量。这种自然的氧化虽然看上去比较温和，但仍会使堆肥堆内部的温度升得很高。

均匀后再放回去。这么做将重新"点燃"堆肥中分解的热量，有利于加速堆肥的成熟。

堆肥中的"劳动大军"

在堆肥箱里，不同种类的细菌和微生物起作用的时间段也不同。堆肥还凉的时候，干活儿的细菌和真菌与花园里参与植物腐烂过程的细菌和真菌相同；堆肥升温后，嗜中温细菌（能在 21~32 ℃间起作用）便接管了工作；如果温度进一步上升，嗜热细菌（活跃于 40~90 ℃之间）就会行动起来。

铺设温床

维多利亚时代，温室暖棚尚未普及，园丁们利用温床产生的自然热量在早春种植黄瓜、生菜和萝卜，温床有时还用于培育甜瓜等不耐寒的作物。

甜瓜（*Cucumis melo*）

如果想亲手尝试一下温床，你需要一个苗床罩（cold frame）和一块比它略大一点的空地。温床的基座需要有 1 米高，由秸秆、落叶和粪肥混合而成。放置好后，待其腐烂（刚开始会有比较浓的氨气味，但不久就会转入温暖的发酵过程，气味会变得宜人许多）。当基座腐熟均匀，闻起来只有泥土味而没有腐烂发酵的味道时，在上面铺一层 30 厘米厚的土壤，这就是种植层了。把要播的种子或植物幼苗种下，然后罩上苗床罩。土壤下面温床的自然温度将会确保作物快速健康地生长。

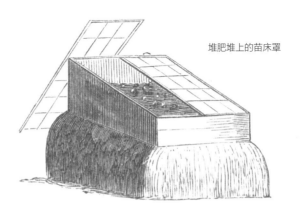

堆肥堆上的苗床罩

Q 啤酒能杀灭蛞蝓吗？

　　蛞蝓热爱啤酒。这并不是因为它们喜欢酒精——无酒精啤酒对它们的诱惑力同样强烈——而是因为酵母和糖的香气与味道吸引了它们。蛞蝓对熟透发酵的水果的味道也很着迷。

啤酒陷阱

　　"啤酒陷阱"是利用蛞蝓对黑暗潮湿环境及发酵物的天然趋向来诱捕蛞蝓——你可以自己制作，也可以买现成的。市面上销售的蛞蝓啤酒陷阱似乎也没有哪一种设计特别有效，它们的原理都是一样的：引诱蛞蝓进入一个底部盛有啤酒的容器，让它们无法逃脱，最终被淹死。理论上，如果你设置了足够多的陷阱，蛞蝓的数量就可以减少到足以让花园受益的程度，但实际上，人们还不甚清楚是否真能达到如此效果。不过，你可以借助"啤酒陷阱"来判断花园里的蛞蝓问题到底有多严重——如果情况比你担心的更糟糕，你可以采取一种更有杀伤力的控制措施，比如在土壤中引入寄生线虫。

A 啤酒似乎不会对蛞蝓造成任何伤害，因此作为一种控制措施，啤酒本身并不是特别有效。不过，啤酒可以用于设置蛞蝓陷阱，既可以除掉蛞蝓，又能让它们死得不那么痛苦。

蛞蝓对啤酒挑剔吗？

　　美国的一项研究性实验发现，蛞蝓似乎并不喜欢某些啤酒。百威（Budweiser）对蛞蝓的吸引力好像明显不如其他品牌，这或许是因为不同品牌的啤酒之间与发酵有关的化学物质差别很大。如果单纯一个蛞蝓啤酒陷阱对你来说太无聊了，不如测试一下不同的啤酒在诱捕"鼻涕虫"方面的功效孰高孰低吧。

怎样判断池塘水体是否健康?

自然形成的池塘一般比较健康,有着比较平衡的生态,除非它们受到污染或过度富营养化。水面上的风带来了氧气,含氧的水支持着一个自我维持、令水体保持健康的生态系统。但是,人造池塘则往往要面对一些人为造成的问题。

水体不健康的表现

如果花园池塘里的鱼死了,往往是水出了问题,而不是鱼。如果池塘不够深,就可能给鱼的生活造成压力。如何确保池水适合鱼类生存呢?你可以使用检测工具或者请专业的池塘顾问提供一些建议。

过多的水藻或浮萍是水体不健康的另一个迹象。补救措施包括减少鱼类的数量、通过种植更多浮水植物遮蔽水面来抑制藻类,以及避免在池塘近旁使用肥料。水藻、浮萍过剩也可能意味着池塘太浅了,但这个问题并不那么容易解决。人造池塘常常是用有着固定深度的模具修建的。如果问题一再出现,那么可以考虑拆除池塘的内衬,将池塘挖得更深一些。

一年中的某些时候,池塘可能会显得毫无生机。这也许是季节性的——冬天的池塘常常显得黯淡、

池塘中水藻或浮萍的过量生长,表明池塘水体的健康状况不佳。鱼类的死亡是水体不健康的另一个表征,生物活性的整体降低通常是一个警告信号。

死气沉沉——但也可能是哪里出了问题。过多的腐叶会导致暂时的水体病态(花功夫把一些腐叶捞出来是值得的);阴蔽的环境也不利于池塘中的生命,设在树荫下的池塘,生物的活性可能会比较低。

雪白睡莲(*Nymphaea candida*)在桶里、缸里和池塘里都能茁壮成长,在池塘里它们可以遮蔽有碍观瞻的水藻。

怎样吸引蝴蝶？

蝴蝶是颇受欢迎的花园访客。它们翩然来去，不停地寻找寄主植物并在上面产卵。为了飞行，它们需要大量富含糖的花蜜作为"航空燃油"。一个让蝴蝶青睐的花园并不难实现：只需研究一下蝴蝶喜欢的植物，就基本能够得到你想要的结果。

吸引蝴蝶并不完全在于园艺植物"美艳"的魅力，有些被我们当作杂草的植物对蝴蝶具有特别的吸引力。如果你的花园有个杂草不会造成太大麻烦的阴凉角落，可以考虑栽种一片异株荨麻（*Urtica dioica*）。它对包括孔雀蛱蝶（peacock）、红蛱蝶（red admiral）、白钩蛱蝶（comma）和荨麻蛱蝶（small tortoiseshell）在内的多种蝴蝶都有很强的吸引力。冬青琉璃灰蝶（holly blue）则以常春藤属为寄主。

可以容忍的缺点

当蝴蝶或飞蛾的卵孵化，"毛毛虫"出现时，偶尔也会对寄主植物造成严重伤害。迁徙的小红蛱蝶（painted lady）在某些年里就有过这样的劣迹，它们在飞回北非之前糟蹋了许多蜡菊（一种广受欢迎的灰绿色叶子的花坛植物）。不过，造成的伤害罕有致命性的，理论上应该可以容忍。要知道蝶与蛾的数量在过去 40 年里下降了近 75%，这些美丽而且重要的生灵需要尽可能地得到它们应当得到的帮助。

同样出于保护上的考虑，切勿在开着花的植物上喷洒杀虫剂，也不要在杀虫剂液滴可能波及附近花期中的植物（包括杂草）的地方喷洒——这对蝴蝶来说是致命的。

吸引蝴蝶的最佳办法就是种植各种各样的富含花蜜的植物。不同种类的蝴蝶喜欢不同的花，你提供的选择范围越广，来访的蝴蝶种类就越多。

大叶醉鱼草
（*Buddleja davidii*）

蝴蝶的最爱

蝴蝶最喜欢的 13 类植物：

- 黑莓（*Rubus fruticosus*）

- 大叶醉鱼草（*Buddleja davidii*）

- 大丽花（单瓣）（*Dahlia*）

- 留兰香（*Mentha spicata*）

- 一枝黄花属（*Solidago*）

- 帚石南（*Calluna vulgaris*）

- 欧石南属（*Erica*）、大宝石南
  （*Daboecia cantabrica*）

- 长药八宝（*Hylotelephium spectabile*）

- 薰衣草属（*Lavandula*）

- 星芹（*Astrantia major*）

- 茴藿香（*Agastache foeniculum*）

- 百里香属（*Thymus*）

- 柳叶马鞭草（*Verbena bonariensis*）

对不喜欢除草的懒人来说，这里有
条好消息：蒲公英富含花蜜，蝴蝶很喜
欢它们。

帚石南
（*Calluna vulgaris*）

大丽花（*Dahlia*）

星芹（*Astrantia major*）

金凤蝶（*Papilio machaon*）造访
药用蒲公英（*Taraxacum officinale*）

Q 蛞蝓爬回我的花园需要多久？

蛞蝓很难追踪。它们昼伏夜出，大多数时间待在地下，而且不易区分。因此，当蛞蝓被拿到（考虑到园丁们对"鼻涕虫"的态度，不如说"被抛到"）距离其栖息地 20 米远的地方之后会不会返回，这个问题很难回答。

A　尽管蛞蝓是比较麻烦的实验对象，但聪明的科学家通过对受控环境下的蛞蝓的研究发现，它们每晚可以移动 4~12 米——具体取决于它们的饥饿程度以及行进之处的地表状况。

蛞蝓对蜗牛，龟兔赛跑的差距？

蛞蝓爬得比蜗牛慢得多。在对照实验中，蜗牛的速度至少是蛞蝓的两倍（也许这就是英语用"sluggish"而不是"snailish"来表示"迟滞"的原因吧）。在大概确定了蛞蝓的行进速度之后，接下来要看的就是它们是否真的想要回到它们原来生活的地方。

蛞蝓的活动尚未被认定与特定的区域有任何确定的关联（相反，许多蜗牛，尽管不是全部，往往似乎有一种归巢的本能），所以，即使可以返回，它们也未必想回到原地。不过，它们好像的确喜欢跟随其他软体动物留下的黏液痕迹，这可能表明蛞蝓会倾向于回到一个有大量同类生活的地方——那里多半有着适宜的生存条件。

蛞蝓种类繁多，分类鉴定时需要对它们的生殖器官进行深入的显微检查。

红蚯蚓的味道不好吗？

我们都见过乌鸫和欧亚鸲在花园里津津有味吃着普通蚯蚓（陆正蚓）的景象。但是，如果有很多红蚯蚓（赤子爱胜蚓，细长的红色蚯蚓，堆肥箱和饲虫箱里的主力军）——把其中一些摆上鸟类的餐桌，鸟儿们又为什么对它们不屑一顾呢？

自卫

红蚯蚓的拉丁学名 *Eisenia foetida* 暗示了它们的气味不太好（"*foetida*" 意为"发臭的"），而对于生活在堆肥中的蚯蚓来说，拥有保护自己的手段是有意义的，因为堆肥的原料比较松软，很容易被鸟类或其他捕食者翻掘。不过，鸟类通常不会去干扰堆肥堆，而藏有大

由于没做过品尝试验，难以知道红蚯蚓是不是味道不好。但我们知道的是，当它们受到粗暴对待时，可能会分泌出一种难闻的液体作为防御机制，也许这就是鸟类好像不太喜欢吃红蚯蚓的原因。

量蛴螬、普通蚯蚓、大蚊幼虫和叩头虫幼虫的草地或开阔的土地，则吸引着鸟类和其他动物，比如獾就很乐意为这些美味"刨根问底"。可以肯定的是，红蚯蚓的味道至少不够好，不值得动物们费事去寻找。

让红蚯蚓变得可口

红蚯蚓已被用作鸡、猪和其他禽畜的高蛋白饲料。不过，它们经过了加工：清洗、烹煮、脱水、碾碎——想必这些步骤消除了所有味道不好的成分。要让野鸟喜欢吃红蚯蚓，也许只需要好好地把它们清洗一番。下次堆肥箱或饲虫箱里有太多的红蚯蚓时，你不妨试试看。

我的果树真的需要修剪吗？

所有果树都有开花结果的自然倾向，即使没有任何修剪，果树的主人也仍会得到一份收成。不过，缺少了修剪和其他的一般性养护，果树的收成可能会极为不正常——而马虎的修剪可能导致产果模式变得怪异或没有规律。

果树的野性

当果树未被栽培，而是在野外生长时，它们会采取各种策略来结籽，其中一些策略是果农们绝对不会喜欢的，比如果树一年大丰产，下一年却结果稀疏；它们很可能长得过高（为了压制其他植物竞争阳光）；以及产出大量个头很小的果实而非相对少量的大个儿果实的习性。

认真慎重的修剪是绝对值得的，能够引导果树实现有规律的丰产——但修剪果树这项工作往往会令缺乏经验的种植者相当紧张。

当果树在栽培条件下生长时，它们会保留一些野生的特性，部分原因在于，与小型植物相比，它们的生长非常缓慢。对一棵果树的评估和甄选可能需要长达 25 年的时间，而适当的优选杂交完成后，评估杂交品种的价值又需要 25 年的时间。栽培至今，果树的习性仍与其野生的"亲戚们"差别不大。

修剪果树的目的是为了反制那些在果园中并无必要的、多余的生存策略。一旦树木处在了栽培条件之下，保护其免于竞争压力并确保繁殖生产的能力便是种植者的责任，而不再是果树的责任。为了得到最好的结果，对果树的修剪几乎总是必要的。

当果树需要重度修剪并保留嫩枝细芽时，专业园丁们喜欢使用修枝手锯，以便在狭小的空间里轻松省力地完成干净利落的修剪。

按需实施恰当修剪

　　对于较大的果树，园丁们通过每年锯掉一部分老枝来改善树冠光照、保持丰产。这样的修剪避免了枝条过密，确保了健壮的枝条得到稳定的营养供应。于是，这些壮枝上将会结出更大的果实，并在充足的阳光下成熟，达至最佳的色泽和口味。

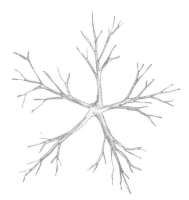

以这样的树形为目标来修剪

不要留成这样

　　缩减树冠的规模，一般通过夏季修剪来完成。截除强壮的嫩枝会耗损树的资源，从而抑制它的生长。夏剪也可以用来削弱叶芽生长，促进花蕾的产生。另一方面，花量过大的情况则可以通过在春天疏除部分花芽来应对，从而规避丰收之后又紧跟一年歉收的果树大小年的轮回。

　　苹果树和梨树的修剪工作通常相对辛苦，因为生产这些颇费资源的"大块头"水果令果树的压力很大。一般来说，果实较小的果树，如樱桃和李子，修剪所需的工作量要小得多。

生锈会传染吗？

如果你的园艺工具在冬天存放起来之前没有经过仔细清洁和上油，那么春天重新拿出来时，你可能会发现它们生锈了。不仅如此，当一件工具生了锈，似乎还会扩散到其他工具。

生锈是铁和氧在水的作用下发生的一种反应。其产物是红色的粉状沉积物，即水合氧化铁。工具很快会被破坏，因为生锈的表面会膨胀并开始剥落，使铁遭到腐蚀。纯铁不会生锈，但不纯的铁或铁合金很容易生锈。其他金属，比如铝和铜，能够形成坚硬的表面氧化层来保护下面的金属；不锈钢也是一种铁合金，可以防锈，但缺点是不如其他类型的钢那么坚固。

与表象相反，锈蚀并不会传播扩散。这是一种化学反应，而不是生物感染。不过，潮湿环境中的一堆铁质器具生锈的方式，看起来往往很像是一场传染病的爆发。

怎样避免生锈

大多数现代园艺工具都由不锈钢制成，经过电镀（镀上一层不生锈的金属锌）或包有塑料涂层，因此生锈不再成为一个经常性的问题。为了避免生锈，铁制或钢制工具在使用后应当进行清洁干燥，并存放于通风良好的地方。如果环境比较潮湿，可以喷上一层矿物油阻隔水分，保护金属。

还有一些别的防锈措施。假如电镀层或塑料涂层受损，可以涂上富锌涂料防止情况恶化。市面上也有一些抑制锈蚀、能用于修补的其他涂料可供选择。

为什么害虫偏挑我钟爱的植物吃，对讨厌的杂草却视而不见？

这是个令人沮丧的场景：你已经有一两个星期没有好好除草了，花园里滋生出了许多你不待见的"不速之客"，比如蒲公英、繁缕等；而当你出去查看花坛时，却发现花坛中的主角大丽花已被虫子吃得支离破碎。为什么害虫们就不能致力于消灭那些蒲公英呢？

克服抗性

杂草对害虫如此具有抵抗力的原因已经成为许多科学实验的课题。人们对环境和健康的关注意味着除草剂越来越不被接受，而如果不能使用除草剂，可能解决杂草的办法之一就在于生物控制。这意味着要让不受欢迎的植物感染某种疾病或被某种害虫侵袭，挑战在于如何克服杂草对天敌的抵抗力。

显然，杂草已演化出了可以在花园中的各种不利条件下生存的本事，其中就包括对害虫和疾病的不敏感性。这正是杂草能够成为杂草的原因。

外来杂草与逆袭的宿敌

最有前景的研究结果来自对外来植物的测试，这些植物在经历数代远离其原产地的天敌之后，抵抗力降低了。比如，虎杖（*Reynoutria japonica*）是一种臭名昭著的杂草，在原产国它受到天敌害虫和疾病的制衡，而在缺少这些因素的新环境中则泛滥成灾。不过，几年之后从它的原产地引入一种害虫，虎杖就又会变得脆弱不堪，最终被天敌杀死——它已经失去了其祖辈曾经拥有的抵抗力。

拓展阅读

图书

Botany for Gardeners
Brian Capon
Timber Press, 2010

RHS Botany for Gardeners: The Art and Science of Gardening Explained & Explored
Geoff Hodge
RHS and Mitchell Beazley, 2013

The Chemistry of Plants: Perfumes, Pigments and Poisons
Margareta Sequin
Royal Society of Chemistry, 2012

Climate and Weather
John Kington,
Collins, 2010

*Earthworm Biology
(Studies in Biology)*
John A. Wallwork,
Hodder Arnold, 1983

Hartmann & Kester's Plant Propagation: Principles and Practices
Fred T. Davies, Robert Geneve,
Hudson T. Hartmann and
Dale E. Kester Pearson, 2013

Insect Natural History
A. D Imms
Bloomsbury/Collins, 1990

Life in the Soil: A Guide for Naturalists and Gardeners
James B. Nardi
University of Chicago Press, 2007

The Life of a Leaf
Steven Vogel
University of Chicago Press, 2013

The Living Garden
Edward J. Salisbury
G. Bell & Sons, 1943

Mushrooms
Roger Phillips
Macmillan, 2006

Nature in Towns and Cities
David Goole
William Collins, 2014

*Nature's Palette:
The Science of Plant Color*
David Lee
University of Chicago Press, 2008

Plant Pests
David V. Alford
Collins, 2011

*The Secret Life of Trees:
How They Live and Why They Matter*
Colin Tudge
Penguin Books, 2006

*Science and the Garden:
The Scientific Basis of Horticultural Practice*
Peter J. Gregory, David S. Ingram
and Daphne Vince-Prue (Eds.)
Wiley-Blackwell, 2016

Trees: Their Natural History
Peter A. Thomas
Cambridge University Press, 2014

Weeds & Aliens
Edward J. Salisbury
Collins, 1961

期刊与论文

'The formation of vegetable mould, through the action of worms, with observations on their habits'
Charles Darwin, 1890
https://archive.org/details/formationofveget01darw
(Accessed 15 May 2016)

PLOS Biology
http://journals.plos.org/plosbiology/
Open access scientific journal.

Rogers Mushrooms
Roger Phillips
http://www.rogersmushrooms.com
(Accessed 16 May 2016)

DVDs

The Private Life of Plants (DVD)
David Attenborough
2012

图片来源

园丁手册：花园里的奇趣问答

〔英〕盖伊·巴特 著；莫海波、阎勇 译

中国——园林之母

〔英〕E. H. 威尔逊 著；胡启明 译

图解园艺植物学词汇

〔美〕苏珊·佩尔，波比·安吉尔 著；顾垒（顾有容）译

达尔文经典著作系列